Sitzungsberichte
der Akademie der Wissenschaften
der DDR
Mathematik – Naturwissenschaften – Technik

8N

1977

Koch/Trätner/Göldner/Prochnow

Beiträge zum Problemkreis Werkstoffbeanspruchung – Werkstoffcharakterisierung

AKADEMIE-VERLAG · BERLIN

Sitzungsberichte
der Akademie der Wissenschaften
der DDR
Mathematik — Naturwissenschaften — Technik

Jahrgang 1977 — Nr. 8/N

Koch/Trätner/Göldner/Prochnow

Beiträge zum Problemkreis Werkstoffbeanspruchung - Werkstoffcharakterisierung

AKADEMIE-VERLAG · BERLIN
1977

Vorträge gehalten in der gemeinsamen
Sitzung der Klasse Werkstofforschung
und der Sektion Baumaterialien der Bauakademie
der DDR am 30. Januar 1975

Herausgegeben im Auftrage
des Präsidenten der Akademie
der Wissenschaften der DDR
von Vizepräsident Prof. Dr. Heinrich Scheel

Erschienen im Akademie-Verlag, 108 Berlin, Leipziger Str. 3—4

Lizenznummer: 202 · 100/253/77
Gesamtherstellung: VEB Druckhaus Köthen
Bestellnummer: 7533939 (2010/77/8/N) · LSV 1185
Printed in GDR
DDR 6,50 M

Inhalt

Manfred Koch

Bessere Charakterisierung der Werkstoffeigenschaften der Baustähle als Beitrag zur Verbesserung der Materialökonomie

1. Einleitung

Die folgenden Ausführungen befassen sich mit Massenbaustählen, die in Stahltragwerke eingesetzt werden, für die ein Tragfähigkeitsnachweis in irgendeiner Form gefordert wird.

Die hier geäußerten Vorstellungen sind vom Standpunkt eines Stahlverbrauchers gesehen. Sie sind mit anderen Verbrauchern nicht abgestimmt, beruhen aber auf den bei der Bearbeitung von Berechnungs- und Bauvorschriften sowie bei der experimentellen Untersuchung von Tragwerksteilen gemachten Erfahrungen.

Die Ausführungen lassen sich sinngemäß auch auf andere Stähle und Werkstoffe übertragen.

Sollen die Stähle noch ökonomischer eingesetzt werden, so ist erforderlich, daß der Stahlerzeuger die Verarbeitungs- und Einsatzbedingungen dieser Stähle möglichst gut kennt und daß der Stahlverbraucher über Herstellungsverfahren und Möglichkeiten des Stahlerzeugers ebenfalls möglichst gut informiert ist.

Ziel dieser Ausführungen ist es, ausgehend von der Verwendung der Baustähle über Vorstellungen zur Verbesserung dieser Stähle zu informieren.
Folgende Fragen werden behandelt:
— Charakterisierung der Baustähle
— Verbesserung der Qualität der Baustähle
— Halbzeugtoleranzen

2. Verwendung der Baustähle

Ein Tragfähigkeitsnachweis besteht aus

der Festlegung der für das Tragwerk maßgebenden Belastung
der Festlegung der für den verwendeten Werkstoff und die gewählte Konstruktion zu erwartende Tragfähigkeit
der Transformation dieser Größen in vergleichbare Größen (z. B. durch statische Berechnung)

und der Festlegung eines als notwendig angesehenen Sicherheitsabstandes zwischen Tragfähigkeit und Belastung (das kann auch eine akzeptable Versagenswahrscheinlichkeit sein).

Der nach den Stahlbauvorschriften zu führende Tragfähigkeitsnachweis setzt die Einhaltung der Konstruktions- und Herstellungsvorschriften des Stahlbaues voraus.

Mit diesen Vorschriften soll eine ausreichende Sicherheit gegen ein Versagen des Tragwerkes erreicht werden.

Dieser Absicht steht aber eine Vielzahl von Beanspruchungsmöglichkeiten des Stahles während der Verarbeitung und während der Nutzung des Bauwerkes gegenüber.

Die Festigkeit des Stahles, ausgedrückt durch seine Fließgrenze und Bruchfestigkeit, wird durch die mechanische Beanspruchung ausgenutzt. Sie kann aus Zug-, Druck-, Biege- und Torsionsbeanspruchung bestehen, die in Walzrichtung, senkrecht zur Walzrichtung und senkrecht zur Walzebene wirken kann.

Diese Beanspruchungen können statisch, wiederholt statisch und schwingend auftreten.

Während des Fertigungsprozesses und der Nutzung des Tragwerkes können tiefe Temperaturen (Einsatz in Kältegebieten), hohe Temperaturen (Einsatz in Kesselgerüsten, Bunkern) und höchste Temperaturen bis zum Schmelzpunkt (Schweißen) auftreten.

Die Stähle sollen außerdem warm- und kalt verformbar sein.

Zur Vereinfachung der Berechnungsverfahren werden im Stahlbau nur Nominalbeanspruchungen ausgewiesen.

Die Ermittlung der tatsächlichen Spannungsspitzen ist in den meisten Fällen praktisch und theoretisch undurchführbar.

Die Voraussetzung für diese Verfahrensweise ist das ausreichende plastische Verhalten der Baustähle. In diesem Plastifizierungsvermögen liegt eine der wichtigsten Sicherheitsvoraussetzungen der Stahltragwerke.

3. *Charakterisierung der Eigenschaften der Baustähle*

Grundlage für alle Tragfähigkeitsnachweise sind die in den Werkstoffstandards angegebenen Eigenschaften der Stähle. Hinzu kommen Eigenschaften, die in umfangreichen Experimenten durch die Verbraucherseite bestimmt worden sind, beispielsweise Ermüdungsfestigkeit.

Die mechanischen Eigenschaften sind fast immer als Mindestwerte in den Standards angegeben. Manche weitere Eigenschaft, z.B. Schweißbarkeit, Verformbarkeit, Zähigkeit bei tiefen Temperaturen lassen sich nur indirekt angeben.

Hier entsteht die Frage, was unter Qualität eines Stahles verstanden werden soll. In den Standards sind nur bestimmte Eigenschaften der Stähle, meist als Mindestforderung, festgehalten. Eine umfassende Aussage über die Qualität im ganzen ist in den Standards nicht enthalten. Eine solche Aussage ist mit den zur Verfügung stehenden Kennzahlen auch nicht möglich und es muß bezweifelt werden, daß eine solche umfassende Qualitätsbeschreibung überhaupt möglich ist.

Sollen Baustähle mit dem bereits erreichten hohen Auslastungsgrad zuverlässig eingesetzt werden oder die Auslastung statisch als auch technologisch noch weiter gesteigert werden, so ist das nur mit Stählen gleichbleibender Qualität möglich. Veränderungen in der Herstellungstechnologie, in den Ausgangswerkstoffen u. dgl. können nur nach sorgfältiger Prüfung und in Abstimmung mit den Verbraucherinstituten vorgenommen werden. Wenn das in vielen Fällen bereits üblich ist, so sollte doch beachtet werden, daß die formale Einhaltung der Werkstoffstandards allein noch nicht die Gewähr für gleichbleibende Qualität in vollem Umfang bietet. Eine solche gleichbleibende Qualität ist für die von der Verbraucherseite vorgeschriebenen zulässigen Beanspruchungen Voraussetzung.

4. *Verbesserung der Qualität der Baustähle*

Die Verbraucherseite ist sich darüber klar, daß eine Qualitätsverbesserung der Baustähle meistens auch mit Kostenerhöhungen verbunden sein wird, wenn unter Qualitätsverbesserung eine Verbesserung der mechanischen oder der technologischen Eigenschaften verstanden wird.

Eine Kostenerhöhung kann in den meisten Fällen aus volkswirtschaftlichen Gründen nicht hingenommen werden. Eine Erhöhung der Werkstoffausnutzung ist aber denkbar, wenn die Qualität der Stähle weiter homogenisiert wird. Dazu wird es erforderlich sein, wichtige Eigenschaften nicht mehr nur durch einen Mindestwert, sondern durch Mittelwert und Streuung zu charakterisieren. Außerdem müssen Wege gesucht werden, die zu einer gleichbleibenden Qualität der Stähle im vollen Umfang führen. Sollte eine Einengung der Streuungen möglich sein, so würde das eine Qualitätsverbesserung sein, ohne im Mittel die Eigenschaften zu verbessern.

Eine weitere Verbesserung der Baustähle ist denkbar durch Einschränkung der zahlreichen Gütegruppen und der Sonderregelungen innerhalb der Gütegruppen.

Der Idealfall wäre in jeder Festigkeitsklasse ein Einheitsbaustahl, der den praktisch vorkommenden mechanischen, technologischen und sonstigen Belastungen standhält. In der Festigkeitsklasse St 38 könnten dafür für Materialdicken bis etwa 12 mm St 38 u-2, für Materialdicken von 12—20 mm St 38 hb-2 und für größere Materialdicken St 38 b-2 eingesetzt werden. Die Eigenschaften und die Dickenbereiche sind so aufeinander abzustimmen, daß in der Verarbeitung und Nutzung die Stähle nicht unterschieden werden müssen. Von der Verbraucherseite sind dazu präzise Einsatzgrenzen ebenfalls festzulegen. Beispielsweise werden den hochproduktiven Schweißverfahren bezüglich der Wärmeeinbringung Grenzen gesetzt sein.

5. *Halbzeugtoleranzen*

Der Werstoff Stahl wird den Verbrauchern immer in Form von Halbzeugen geliefert. Die Qualität der Halbzeuge und ihre maßlichen Toleranzen sind für einen ökonomischen Einsatz dieser metallurgischen Erzeugnisse mit maßgebend.

Von den Prüfdienststellen werden im allgemeinen Überschreitungen der zulässigen Beanspruchung bis zu 3% noch toleriert, demgegenüber stehen aber Unterschreitungen der Nennquerschnitte und Nennquerschnittswerte im Rahmen der Toleranzen bis zu 10 und 20%. Hier liegt ebenfalls ein maßgebliches Hemmnis in der Erhöhung der Werkstoffausnutzung. Erste Untersuchungen an IPE-Profilen zeigten beispielsweise große Unterschiede der Unterschreitungswahrscheinlichkeiten der Nennträgheitsmomente I_x und I_y. Auch hier sind mit gezielten Untersuchungen wesentliche Verbesserungen denkbar.

6. *Zusammenfassung*

Die Sicherheitsfestlegungen des Stahlbaues basieren immer stärker auf wahrscheinlichkeitstheoretischen Überlegungen. Belastungsannahmen werden auf der Grundlage statistischer Untersuchungen bestimmt. Das gleiche gilt für die Tragfähigkeitsfestlegungen. Die heutigen Werkstoffstandards entsprechen diesen Bedingungen nicht mehr, da sie anstelle von Mittelwert und Streuung im allgemeinen Mindestwerte der mechanischen Eigenschaften angeben.

Durch die verschiedenartigsten Forderungen an die Baustähle seitens der Verbraucher einerseits und die Herstellungsmöglichkeiten in der Metallurgie andererseits gibt es eine Vielzahl von Stahlvarianten innerhalb einer Festigkeitsklasse und die Anzahl der Varianten zeigt eine zunehmende Tendenz. Das widerspricht aber den Bedingungen der Verarbeitung von Massenbaustählen. Durch eine zwischen Stahlhersteller und Verbraucher abgestimmte Untersuchung dieser Fragen könnte eine Entwicklung der Massenbaustähle und der daraus gefertigten Halbzeuge eingeleitet werden, die zu einer weiteren Steigerung der Werkstoffausnutzung führen kann. Wichtige Schritte in dieser Richtung sind bereits eingeleitet worden.

Arnulf Trätner

Stochastik und ihre Anwendung bei der Ermittlung von Einwirkungen auf Gebäude

1. Vorbemerkung

Im Zusammenhang mit aerodynamischen oder hydrodynamischen Vorgängen sowie beim Einwirken vieler voneinander unabhängiger Teileinflüsse auf ein System entstehen Kraft-Zeit-Funktionen, die einen völlig regellosen Charakter besitzen. Regellose Vorgänge, die von der Zeit abhängen, nennt man auch „stochastische Prozesse“ (von dem griechischen Wort *στοχαστικος*, zum Erraten gehörig, mutmaßend).

So ist z.B. der Winddruck keine statische Größe. Die Böigkeit unterliegt einer ungeordneten Schwankung, die nie im voraus gegeben und beschrieben werden kann. Das Bauwerk reagiert auf diese Anregung als Schwingungsgebilde.

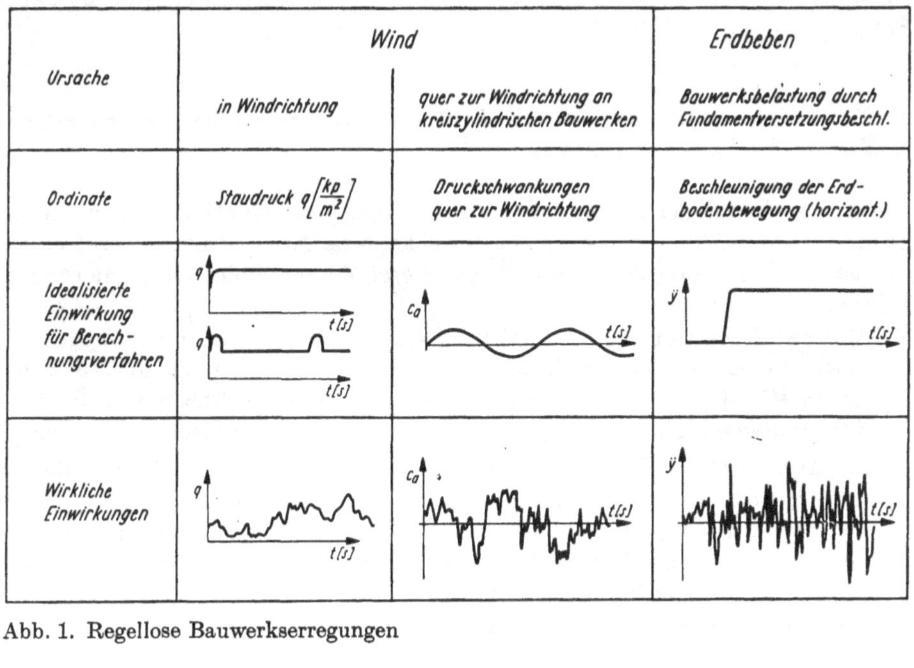

Abb. 1. Regellose Bauwerkserregungen

Das gilt auch dann, wenn sich im Falle eines kreiszylindrischen Baukörpers eine Kármánsche Wirbelstraße mit Schwingungen quer zur Windrichtung ausbildet und die Ablösung im überkritischen Reynoldsbereich stattfindet. Schließlich sind auch die Bodenerschütterungen infolge Verkehr, Erdbeben und Explosionen stochastischer Natur.

Das trifft ebenfalls für die Beanspruchung von Wasserbauwerken infolge Wellengang zu.

Bei den bisher gebräuchlichen dynamischen Rechenverfahren idealisierte man den zeitlichen Verlauf der Geschwindigkeits- bzw. Druckschwankungen und ermittelte damit dynamische Vervielfacher.

Abb. 1 gibt einen Überblick über wirkliche und idealisierte dynamische Einwirkungen auf Bauwerke.

Man kann erkennen, daß die idealisierte Methode nicht den wirklichen zeitlichen Kraftverlauf berücksichtigt. Sie kann lediglich das dynamische Verhalten des Bauwerkes durch das Erfassen seiner Abmessungen, der Baugrundkennwerte und der Baustoffe durch die Eigenfrequenz und durch das Dämpfungsmaß widerspiegeln.

Diese Schwingungsprobleme lassen sich exakt nicht mehr mit bekannten oder vertrauten Methoden der klassischen Schwingungslehre lösen. Um diese zufälligen Erreger- und Antwortfunktionen charakterisieren und den Zusammenhang zwischen Erregung, Schwingungssystem und Antwort exakt beschreiben zu können, sind eine statistische Denkweise und Methoden der Zufallsfunktionen erforderlich. Eine Berechnungsmethode liefert die stochastische Schwingungstheorie.

2. *Theoretische Aufbereitung des Last- und Gebäudemodells bei Anwendung der stochastischen Schwingungstheorie*

Die Berechnung der Bauwerksreaktion mit der stochastischen Schwingungstheorie ist möglich, wenn man eine stochastische Erregerfunktion auf einen Registrierschrieb aufgezeichnet hat, und dieser Vorgang folgende Forderungen erfüllt:

- Der regellose Vorgang ist stationär und ergodisch, d.h. die Häufigkeitsverteilungen verändern sich bei veränderten Meßzeiten nicht und die zeitlichen Mittelwerte stimmen mit den Mittelwerten des Ensembles überein.
- Die Häufigkeit der Belastungswerte entspricht einer Gaußschen Verteilung.

Auf Abb. 2 ist eine regellose Zeitfunktion angegeben. Ein Wert x dieser Zufallsfunktion zu einer bestimmten Zeit t enthält keine Information. Für diesen Wert x können auch andere Werte auftreten. Eine solche Funktion ist nur durch statistische Kenngrößen erfaßbar. Das sind die Häufigkeitsverteilungen der Funktionswerte und die innere Korrelation des Vorganges sowie die Intensitätsverteilungen der Frequenzen.

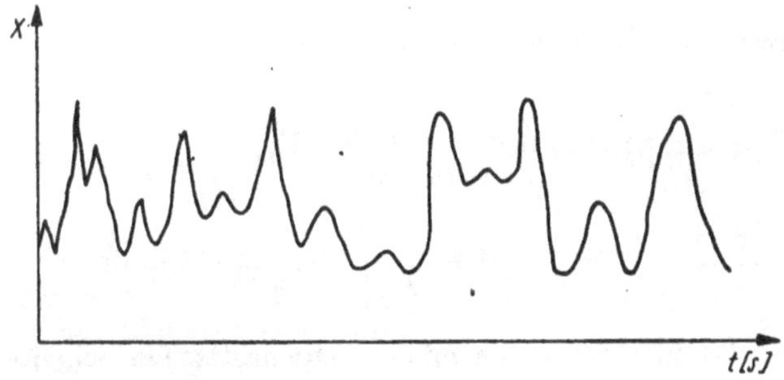

Abb. 2. Zufallsfunktion

2.1. Statistische Merkmalsbeschreibung einer eindimensionalen stationären und ergodischen Funktion

Die auf Abb. 3 dargestellte regellose Zeitfunktion $x(t)$ sei stationär und ergodisch. Ihre statistischen Kennwerte sind zeitunabhängig. Die zeitlichen Mittelwerte stimmen mit den Mittelwerten des Ensembles überein.

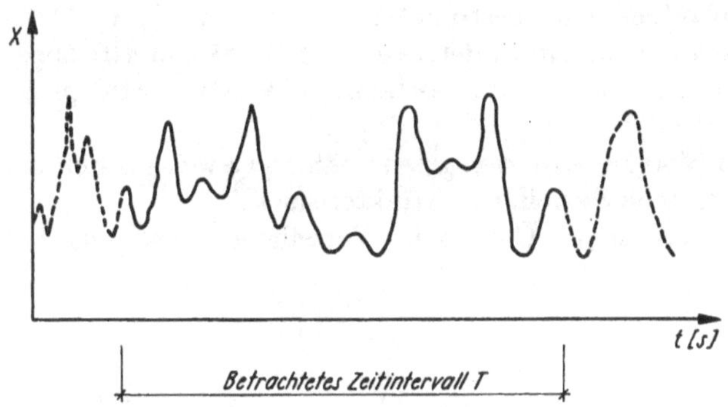

Abb. 3. Stationäre und ergodische Zufallsfunktion

Wie in der Abbildung angedeutet, wird aus dem gegebenen Gesamtablauf ein Zeitintervall der Länge T herausgegriffen. Aus diesem Zeitintervall der Funktion können folgende für die analytische Behandlung interessierende Informationen gewonnen werden.

2.1.1. Erste Wahrscheinlichkeit

Die sogenannte 1. Wahrscheinlichkeit enthält den zeitlichen Mittelwert und den Mittelwert des Ensembles, die Varianz und die Häufigkeit des Auftretens eines bestimmten Wertes x.

$$\textit{Linearer Mittelwert } \bar{x} = \frac{1}{n} \sum_{i=1}^{n} x_i = \textit{Zeitmittelwert } \overline{x(t)} = \frac{1}{T} \int_0^T x(t) \mathrm{d}t$$

$$\begin{matrix}\textit{Quadratischer} \\ \textit{Mittelwert}\end{matrix} \; \overline{x^2} = \frac{1}{n} \sum_{i=1}^{n} x_i^2 = \begin{matrix}\textit{Quadratischer} \\ \textit{Zeitmittelwert}\end{matrix} \; \overline{x^2(t)} = \frac{1}{T} \int_0^T x^2(t) \mathrm{d}t$$

$$\text{Varianz } S^2 = \frac{1}{n-1} \cdot \sum_{i=1}^{n} (x_i - \bar{x})^2 = \frac{1}{T} \int_0^T \left(x(t) - \overline{x(t)}\right)^2 \cdot \mathrm{d}t$$

Die Behandlung von regellosen Funktionen mit der stochastischen Schwingungstheorie ist aus mathematischen Gründen, auf die später noch eingegangen wird, nur möglich, wenn die regellose Funktion standardisiert wird. Das läßt sich durch die Transformation $x(t) - \overline{x(t)} = x_z(t)$ immer erreichen.

Es werden die Beanspruchungen aus den Lastgrößen um den Zeitmittelwert errechnet. Die mittlere Belastung wird als statische Last betrachtet und nach den bekannten Methoden der Statik behandelt.

$x_z(t)$ ist die standardisierte Zeitfunktion $x(t)$ mit dem Mittelwert $\overline{x_z} = 0$ und dem quadratischen Mittelwert $\overline{x_z^2} = \overline{x^2} - \bar{x}^2 = S^2$. Hierbei ist S^2 die Varianz von $x_z(t)$.

Die Häufigkeit des Auftretens eines bestimmten Wertes x wird durch die *Verteilungsdichte* bzw. *Verteilungsfunktion* der regellosen Funktion $x(t)$ angegeben. Die Häufigkeit des Auftretens eines bestimmten Wertes x wird praktisch durch Auszählen ermittelt.

Eine Vielzahl regelloser Vorgänge ist wenigstens näherungsweise durch die in Abb. 4 dargestellte Gaussssche Verteilung charakterisiert.

Die beiden Parameter, welche die Gaussssche Verteilung vollständig beschreiben, sind

der Mittelwert $\bar{x} = \overline{x(t)}$
und die Varianz S^2

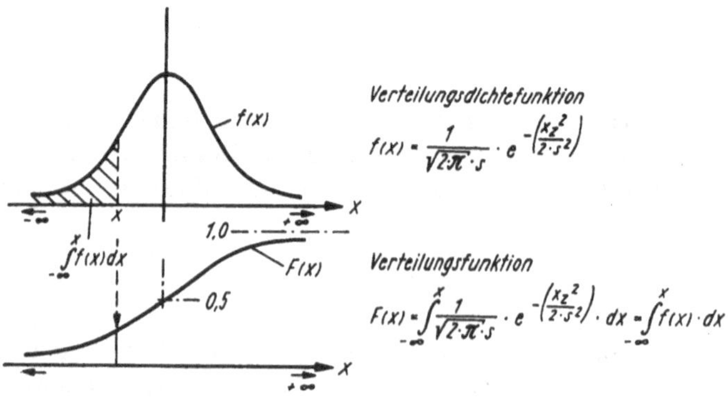

Abb. 4. Gaussssche Verteilung für standardisierte Funktion

2.1.2. Zweite Wahrscheinlichkeit

Die sogenannte 2. Wahrscheinlichkeit beschreibt die spektrale Verteilung im Zeit- und Frequenzbereich.

2.1.2.1. Autokorrelationsfunktion $R(\tau)$

Bei einem stationären und ergodischen Vorgang ist die Autokorrelationsfunktion der zeitliche Mittelwert aller Produkte von Funktionswerten, die um τ Zeiteinheiten (Korrelationszeit) auseinander liegen. Sie gibt an, welche Struktur der Vorgang hat, ob er vollkommen regellos verläuft oder ob er eine gewisse Erhaltungstendenz zeigt.

Die Autokorrelationsfunktion enthält zwei wichtige Grenzfälle

$$R(O) = \overline{x^2(t)}; \qquad R(\infty) = \overline{x(t)}^2$$

Abb. 5 zeigt den grundsätzlichen Verlauf von Autokorrelationsfunktionen. Je rascher $R(\tau)$ nach beiden Seiten abfällt, desto geringer ist die Erhaltungstendenz des Vorganges.

Bei der Autokorrelationsfunktion gehen sämtliche Phasenbeziehungen verloren. Der Prozeß der Autokorrelation ist nicht umkehrbar. Man kann also grundsätzlich nicht von $R(\tau)$ auf den zeitlichen Ablauf von $x(t)$ zurückschließen.

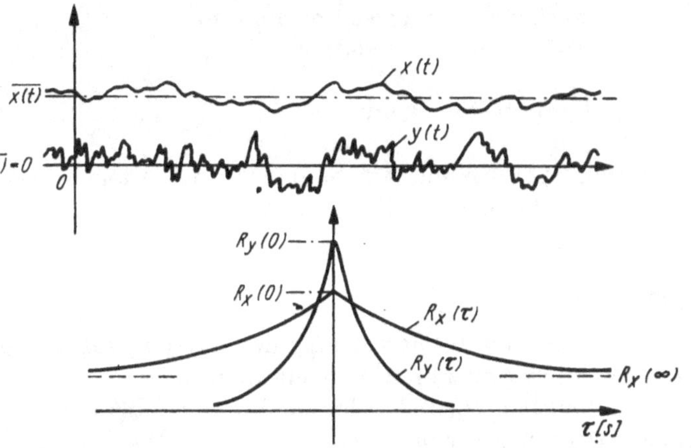

Abb. 5. Zufallsfunktionen und Autokorrelationsfunktionen für zwei Vorgänge mit unterschiedlicher Erhaltungstendenz

Liegt ein regelloser Vorgang in registrierter Form vor, so kann man entsprechend der Darstellung auf Abb. 6 durch Ausmessen der zu den zugehörigen Abszissen gehörigen Ordinaten näherungsweise die Autokorrelationsfunktion konstruieren.

$$R(\tau = j \cdot \Delta t) = \frac{1}{J+1} \{x_0 \cdot x_j + x_1 \cdot x_{j+1} + x_2 \cdot x_{j+2} + \cdots + x_J \cdot x_{j+J}\}$$

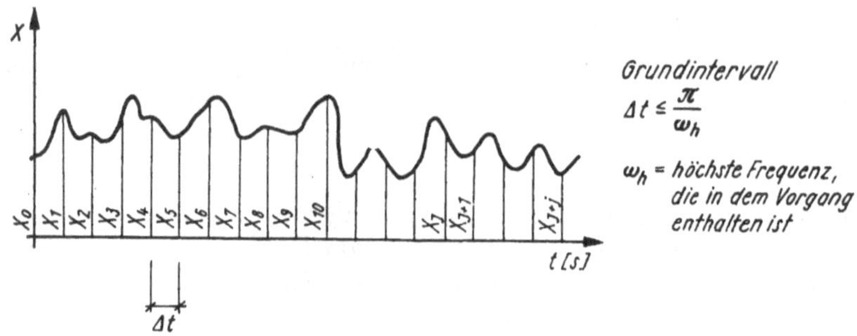

Abb. 6. Registrierte Zufallsfunktion

Zwischen der Autokorrelationsfunktion $R(\tau)$ und der standardisierten Autokorrelationsfunktion $R_z(\tau)$ besteht der Zusammenhang

$$R(\tau) = R_z(\tau) + \bar{x}^2$$

2.1.2.2. Leistungsspektralfunktion $S(\omega)$

Die Berechnung der standardisierten Leistungsspektralfunktion erfolgt meistens über die standardisierte Autokorrelationsfunktion.

Es bestehen die WIENER-KHINTCHINE-Relationen

$$S_z(\omega) = 2 \cdot \int_0^\infty R_z(\tau) \cdot \cos(\omega \cdot \tau) \cdot d\tau$$

Zwischen der Leistungsspektralfunktion $S(\omega)$ und der standardisierten Leistungsspektralfunktion $S_z(\omega)$ besteht die Beziehung

$$S(\omega) = S_z(\omega) + \bar{x}^2 \cdot \delta(\omega)$$

$\delta(\omega)$ ist die DIRAC-Funktion.

Daraus läßt sich erkennen, daß die Berechnung der Leistungsspektralfunktion aus einer mittelwertbehafteten Funktion nicht möglich ist.

Die Leistungsspektralfunktion $S_z(\omega)$ beschreibt die Intensität der im stochastischen Vorgang enthaltenen Frequenzen.

Bei einer regellosen Erregung ist die Lastannahme im wesentlichen durch die Leistungsspektralfunktion der Erregung gegeben.

Durch Integration der standardisierten Leistungsspektralfunktion ergibt sich der quadratische Mittelwert, also die Varianz von $x_z(t)$.

$$S^2 = \overline{x_z^2(t)} = \frac{1}{\pi} \int_0^\infty S_z(\omega) \cdot d\omega = 2 \cdot \int_0^\infty S(n) \cdot dn$$

Kreisfrequenz $\omega = 2 \cdot \pi \cdot n$

Abb. 7 enthält eine aus [4] entnommene Zusammenstellung von verschiedenen Vorgängen mit den zugeordneten Verteilungsdichte-, Verteilungs-, Autokorrelations- und Leistungsspektralfunktionen.

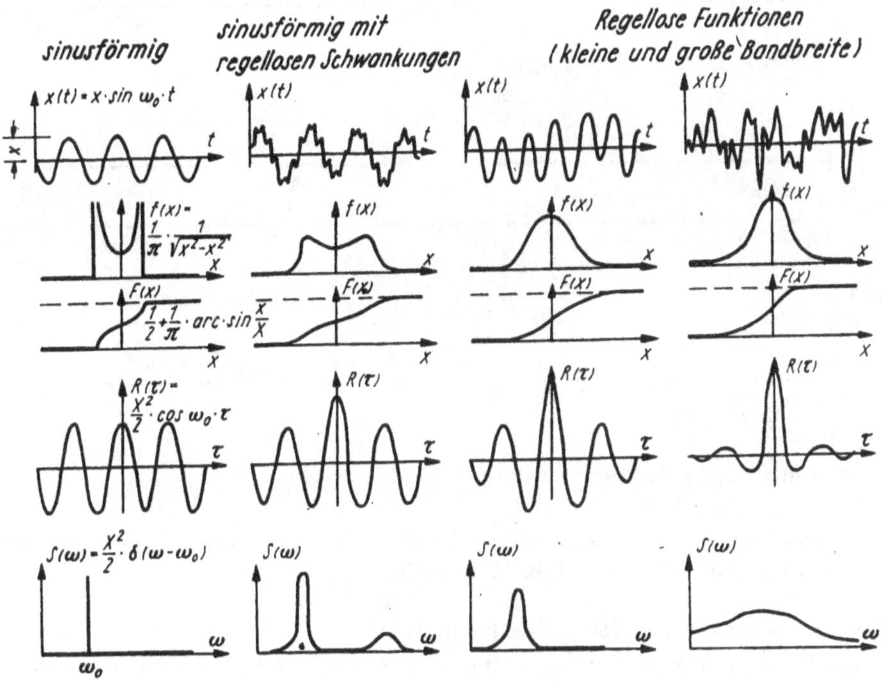

Abb. 7. Zusammenstellung von statistischen Kenngrößen für verschiedene Funktionen

3. *Behandlung von regellos erregten Bauwerksschwingungen*

Es wurde bereits angedeutet, daß regellos erregte Bauwerksschwingungen hinreichend wirklichkeitsgetreu nur mit den Mitteln der Statistik behandelt werden können.

Entsprechend der Darstellung auf Abb. 8 wird die regellose Einwirkung in zwei Lastfälle aufgeteilt.

Lastfall 1 enthält die mittlere Last, die als statische Kraft wirkt und nach den bekannten Methoden der Statik behandelt wird. Im Lastfall 2 ist der um den Mittelwert pulsierende Teil des Einwirkungsvorganges enthalten. Er wirkt als dynamische Kraft und kann mit der Methode der „stochastischen Schwingungstheorie" berechnet werden. Als Lastannahme dient die im Abschnitt 2.1.2.2. beschriebene Leistungsspektralfunktion der Erregung.

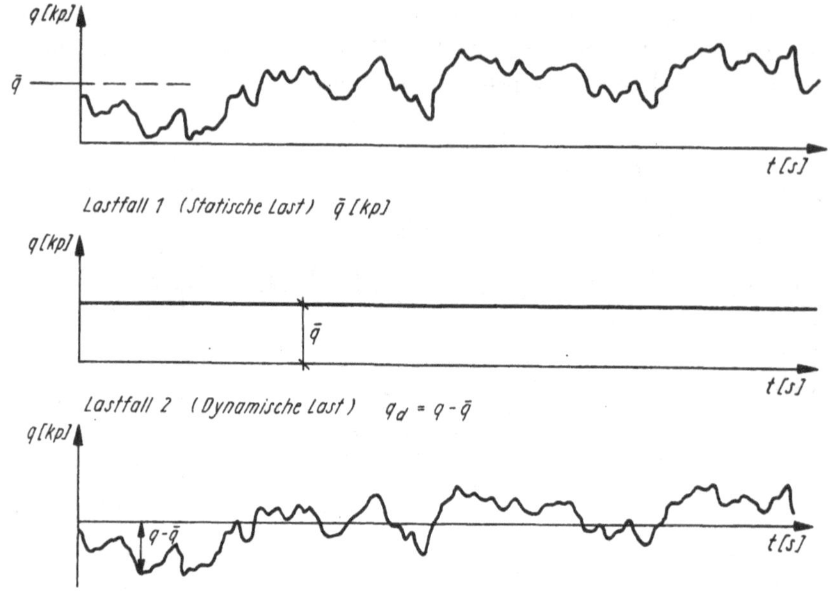

Abb. 8. Aufteilung der Bauwerkserregung q[kp]

3.1. Ermittlung der Leistungsspektralfunktion der Verformung des regellos erregten Einmassenschwingers mit Baustoffdämpfung

Der Einmassenschwinger (Abb. 9) besteht aus einer punktförmig anzunehmenden Masse m, die mittels einer masse- und dämpfungsfreien Feder c und einer masse- und federkraftfreien Dämpfung ϱ mit einem starren System verbunden ist.

Die Bewegungsgleichung für die Schwingungen eines Einmassenschwingers lautet:

$$m \cdot \ddot{y} + \varrho \cdot \dot{y} + c \cdot y = P(t)$$

Zwischen der Leistungsspektralfunktion der Erregung und der Leistungsspektralfunktion der Verformung besteht folgender Zusammenhang:

$$S_{yz}(\omega) = |H(\omega)|^2 \cdot S_{pz}(\omega)$$

Standardisierte Leistungsspektralfunktion der Erregung $P(t)$

$$= S_{pz}(\omega) \; [\mathrm{kp}^2 \cdot \mathrm{s}]$$

Standardisierte Leistungsspektralfunktion der Verformung $y(t)$

$$= S_{yz}(\omega) \; [\mathrm{m}^2 \cdot \mathrm{s}]$$

Übertragungsfunktion

$$|H(\omega)|^2 = \frac{1}{c^2 \cdot \left\{ \left[1 - \left(\frac{\omega}{\omega_0} \right)^2 \right]^2 + \left(\varrho \cdot \frac{\omega}{c} \right)^2 \right\}} \left[\frac{\text{m}^2}{\text{kp}^2} \right]$$

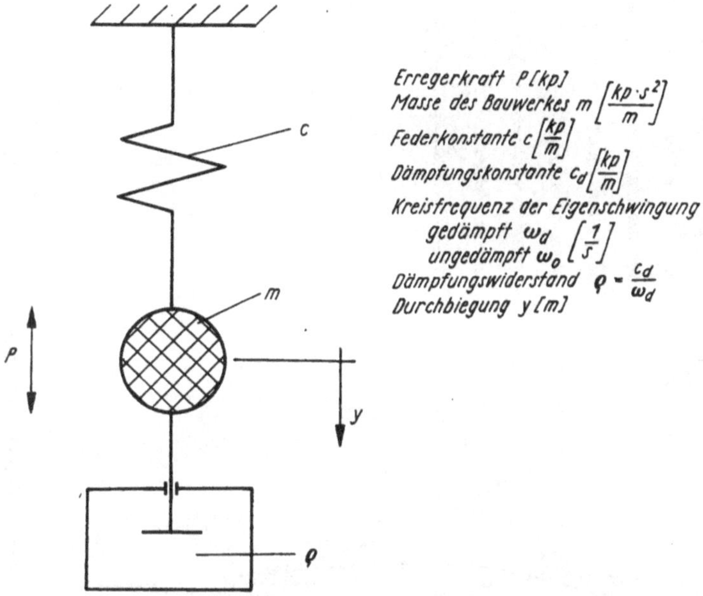

Abb. 9. Modell des Einmassenschwingers

3.2. Ermittlung der Leistungsspektralfunktion der Verformung für einen regellos erregten Mehrmassenschwinger

Die Behandlung von regellos erregten Zwei- und Mehrmassenschwingern ist bei erhöhtem Aufwand ebenfalls möglich. Die stochastisch erregten Schwingungen von Mehrmassenschwingern werden im allgemeinen mittels der Methode der Eigenformen berechnet. Der Erfolg dieser Methode beruht auf dem Umstand, daß sich durch den Produktansatz

$$\sum_{k=1}^{z} \Phi_{yk}(\xi) \cdot q_k(t)$$

[$\Phi_{yk}(\xi)$: k-te Eigenform der Durchbiegung; $q_k(t)$: generalisierte Koordinate]

ein entkoppeltes Differentialgleichungssystem für $q_k(t)$ ergibt, in welchem jede Gleichung wie die Bewegungsgleichung beim einfachen Schwinger aufgebaut ist.

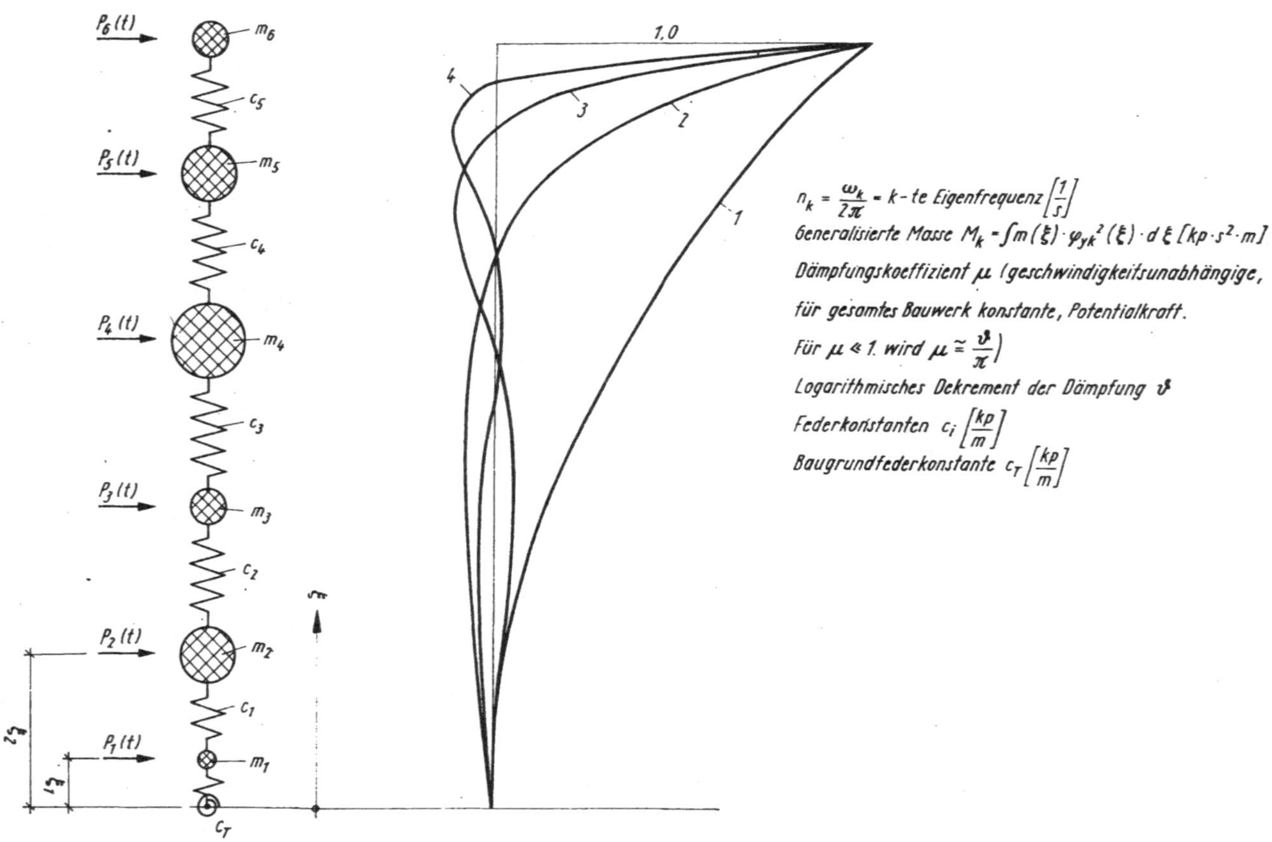

Abb. 10. Idealisiertes Bauwerk einschließlich Eigenformen der Durchbiegung ($k = 1, 2, 3, 4$)

Abb. 10 zeigt einen Mehrmassenschwinger. Für die Berechnung der Eigenschwingungsformen wurde das Bauwerk zu einem Ersatzsystem aus Punktmassen und dazwischenliegenden masselosen Biegefedern idealisiert. Die Baugrundelastizität wurde durch eine Drehfeder symbolisiert.

Wirken die Einzelkräfte $P_1(t) \cdots P_6(t)$ mit den Leistungsspektralfunktionen der Belastung $Sp_{1z}(\omega) \cdots Sp_{6z}(\omega)$ in gleicher Phase, so stehen diese mit den Leistungsspektralfunktionen der Verformung an der Stelle ξ in folgendem Zusammenhang:

$$S_{yz}(\xi,\omega) = \sum_p |H(\xi,\xi_p,\omega)|^2 \cdot S_{pz}(\xi_p,\omega)$$

Standardisierte Leistungsspektralfunktion der Erregung an der Stelle ξ_p

$$= S_{pz}(\xi_p, \omega)\ [\mathrm{kp}^2 \cdot \mathrm{s}]$$

Standardisierte Leistungsspektralfunktion der Verformung an der Stelle ξ

$$= S_{yz}(\xi, \omega)\ [\mathrm{m}^2 \cdot \mathrm{s}]$$

$$\text{Übertragungsfunktion} = |H(\xi, \xi_p, \omega)]^2 \left[\frac{\mathrm{m}^2}{\mathrm{kp}^2}\right]$$

$$|H(\xi, \xi_p, \omega)|^2 = \left(\sum_{k=1}^{m} \varkappa_k \cdot A_k\right)^2 + \left(\sum_{k=1}^{m} \varkappa_k \cdot B_k\right)^2$$

$$\varkappa_k = \frac{\Phi_{yk}(\xi_p)}{M_k \cdot \omega_k^2} \cdot \Phi_{yk}(\xi) \cdot \frac{1}{\left[1 - \left(\frac{\omega}{\omega_k}\right)^2\right]^2 + \mu_k^2} \left[\frac{\mathrm{m}}{\mathrm{kp}}\right]$$

$$A_k = 1 - \left(\frac{\omega}{\omega_k}\right)^2$$

$$B_k = \mu_k$$

3.3. Auswertung der Leistungsspektralfunktion der Verformung

Im Abschnitt 2.1.2.2. wurde bereits beschrieben, daß man durch Integration der standardisierten Leistungsspektralfunktion die Varianz berechnen kann.

$$\text{Varianz der Verformung } S_y^2 = \overline{y_z^2(t)} = \frac{1}{\pi} \cdot \int_0^\infty S_{yz}(\omega) \cdot \mathrm{d}\omega$$

$$= 2 \cdot \int_0^\infty S_{yz}(n) \cdot \mathrm{d}n\ [\mathrm{m}^2]$$

Mit der Kenntnis der Varianz und des linearen Mittelwertes der Verformung sowie Annahme einer Normalverteilung ist der Vorgang statistisch beschrieben. Aus einer vorgegebenen Unterschreitungswahrscheinlichkeit können die Amplitude und damit die zugehörigen Kräfte ermittelt werden, die der Dimensionierung des Bauwerkes zugrunde gelegt werden.

Bei der Festlegung der Unterschreitungswahrscheinlichkeit müssen die Fehler, die in der Wahl des Schwingungsmodells, der Dämpfung und der Lasten liegen, berücksichtigt werden. Hier muß Beobachten, Messen, Beur teilen und Probieren einsetzen.

4. Erläuterung der stochastischen Schwingungstheorie an einem praktischen Beispiel

Im Rahmen eines Forschungsthemas wurden von der Bauakademie der DDR an einem 360 m hohen Stahlgittermast Windstaudruckmessungen durchgeführt. Die Veränderung des Staudrucks mit der Zeit ist vollkommen regellos. Es erscheint deshalb sinnvoll, die Windwirkung als stochastischen Prozeß aufzufassen und mit Hilfe statistischer Meßzahlen zu beschreiben.

Die in Abb. 11 zusammengefaßten Ergebnisse für die Ermittlung der Verformung eines als Einmassenschwinger reduzierten Bauwerks sollen hier kommentiert werden.

Das Bauwerk wird als Einmassenschwinger betrachtet (Ersatzmodelle sollen einerseits mathematisch mit rationellem Aufwand zu behandeln sein, andererseits aber das Gebäude für einen beschränkten Kreis von Fragestellungen ausreichend genau ersetzen).

Die gesamte Bauwerksmasse wird dabei unter Beibehaltung der Eigenschwingzeit in einer Höhe konzentriert. In dieser Höhe greift auch die von der Zeit abhängige Last an.

Die analogen Kurvenwerte des gemessenen Staudruck-Zeitdiagramms werden zur weiteren rechentechnischen Behandlung digitalisiert und auf entsprechende Datenträger (Lochstreifen, Magnetband) übertragen.

Die standardisierte Autokorrelationsfunktion wurde für 3500 Werte und $4 \cdot 3500$ Werte errechnet.

Die dargestellte Autokorrelationsfunktion, die auch für die Berechnung der als Lastannahme dienenden Leistungsspektralfunktion der Erregung verwendet wurde, ist gegenüber der Wirklichkeit geglättet und vereinfacht worden.

Abb. 11. Ermittlung der Durchbiegung für ein als Einmassenschwinger reduziertes Bauwerk

a) Idealisiertes Bauwerk
b) Staudruck-Zeitdiagramm
c) Verformungs-Zeitdiagramm (Lösung d. DGL $m \cdot \ddot{y} + \varrho \cdot \dot{y} + c \cdot y = P(t)$)
d) Standardisierte Autokorrelationsfunktion
e) Normierte Leistungsspektralfunktion
f) Leistungsspektralfunktion der Verformung

Ermittlung von y_d aus den Tafeln der Normalverteilung unter Zugrundelegung von S_y^2, $\bar{y} = y_{st.}$ und einer vorgegebenen Unterschreitungswahrscheinlichkeit.

$y_{ges.} = y_{st.} + y_d$

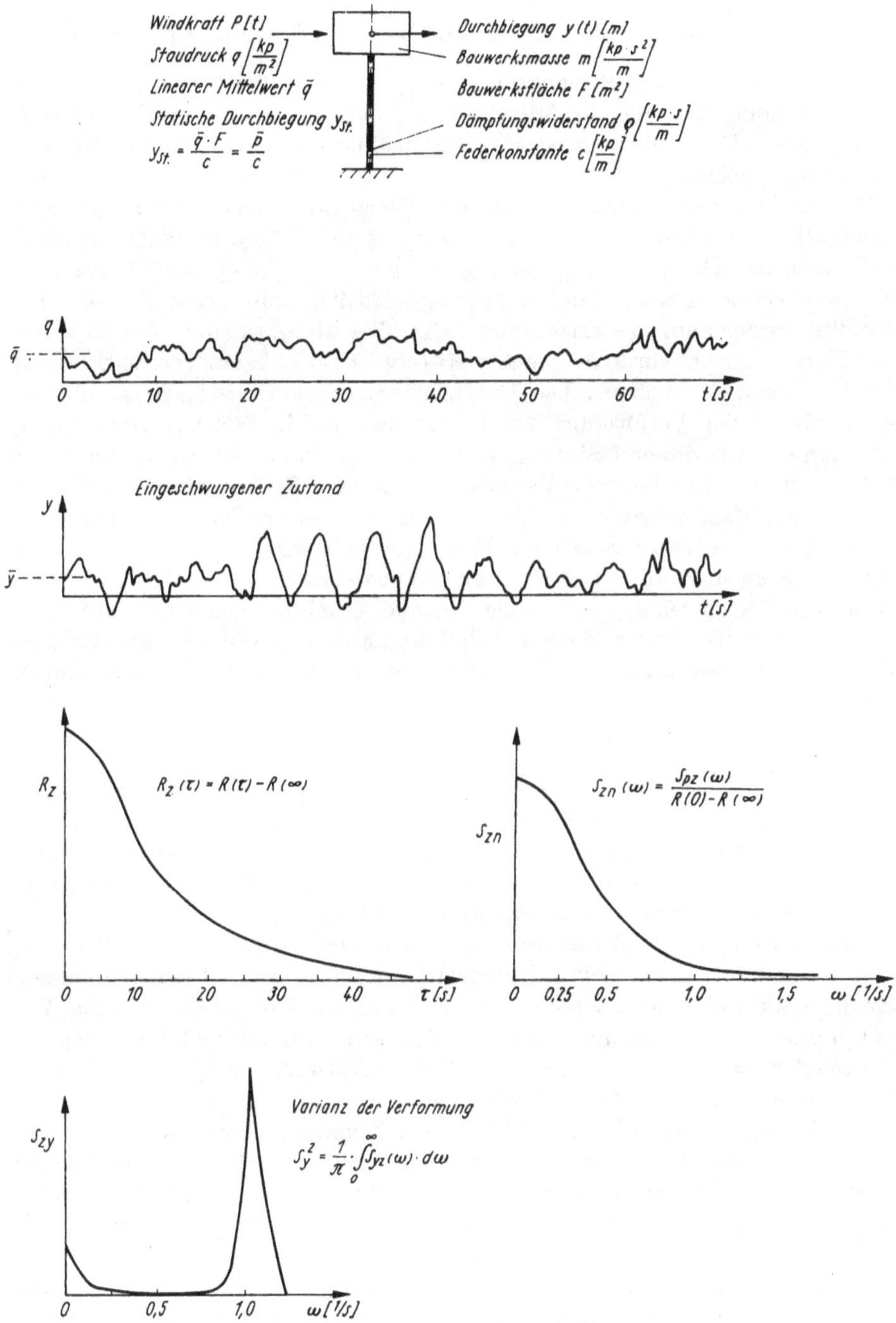
Windkraft P[t]
Staudruck q [kp/m²]
Linearer Mittelwert q̄
Statische Durchbiegung y_St.
y_St. = q̄ · F / c = p̄ / c
Durchbiegung y(t) [m]
Bauwerksmasse m [kp · s²/m]
Bauwerksfläche F [m²]
Dämpfungswiderstand ρ [kp · s/m]
Federkonstante c [kp/m]
q
q̄
0
10
20
30
40
50
60
t [s]
Eingeschwungener Zustand
y
ȳ
t [s]
R_Z
R_Z (τ) = R (τ) − R (∞)
0
10
20
30
40
τ [s]
S_zn (ω) = S_pz (ω) / R (0) − R (∞)
S_zn
0
0,25
0,5
1,0
1,5
ω [1/s]
S_zy
Varianz der Verformung
S_y² = 1/π · ∫₀^∞ S_yz (ω) · dω
0
0,5
1,0
ω [1/s]

Die Durchbiegung y ergibt sich aus der statischen Verformung $y_{st} = \frac{(\bar{q} \cdot F)}{c}$ und der dynamischen Verformung y_d. Die dynamische Verformung wird unter Zugrundelegung des linearen Mittelwertes $\bar{y} = y_{st}$, der Varianz S_y^2 und einer vorgegebenen Unterschreitungswahrscheinlichkeit aus den Tafeln der Normalverteilung abgelesen.

Das stochastische Verfahren muß einer Überprüfung mit anderen Methoden standhalten. Es wurde deshalb ein Rechenprogramm ausgearbeitet, das durch Auflösung der Schwingungsgleichung $m \cdot \ddot{y} + \varrho \cdot \dot{y} + c \cdot y = P(t)$ aus dem Windkraft-Zeitdiagramm das Verformungs-Zeitdiagramm ermittelt. Das dargestellte Verformungs-Zeitdiagramm zeigt den eingeschwundenen Zustand. Für diesen Bereich wurde der lineare Mittelwert und die empirische Streuung der Verformung errechnet. Die Unterschreitungswahrscheinlichkeit für den Maximalwert der Verformung wurde aus den Tafeln der Normalverteilung entnommen. Mit dieser Unterschreitungswahrscheinlichkeit wurde der maximale Wert der dynamischen Verformung aus dem Spektrum errechnet. Die berechneten Maximalwerte der Verformung aus beiden Verfahren zeigen bei turmartigen Bauwerken relativ gute Übereinstimmung.

Mit dem linearen Mittelwert und der empirischen Streuung der Windkraft sowie der Verformung wurde eine Normalverteilung angesetzt. Mit dem KOLMOGOROFF-Test wurde überprüft, daß für die Verteilungsfunktion der Kraft- und Verformungsgrößen die Normalverteilung als Näherung angenommen werden kann.

5. *Schlußfolgerungen*

Die Erzeugung von Baustoffen höherer Festigkeit führt zu immer schlankeren und leichteren und daher „weicheren" Bauwerken. Zusätzlich zum Nachweis der statischen Beanspruchung erhält beim Standsicherheitsnachweis die dynamische Untersuchung eine zunehmende Bedeutung.

Eine baudynamische Untersuchung infolge einer stochastischen Erregung kann nur mit mathematischen Hilfsmitteln erfolgen, die auf den Grundlagen der Statistik und Wahrscheinlichkeitstheorie fußen. Untersucht man das Verhalten eines Schwingers unter einer zufälligen (stochastischen) Belastung mit statistischen Methoden, so erhält man für die Antwort des Systems selbstverständlich auch nur statistische Maßzahlen.

Mit den z.Z. vorhandenen theoretischen Kenntnissen ist die Berechnung von Bauwerkssystemen unter Einwirkung von stochastischen Belastungen möglich. Die Schwierigkeiten und Unsicherheiten liegen in der statistischen Kennzeichnung der regellosen Erregergrößen und die Umsetzung der Ergebnisse vom Modell auf die Wirklichkeit.

Der bei der Ermittlung der statistischen Merkmale der Erregergrößen notwendige Nachweis der Stationarität ist bei den interessierenden Belastungen nur bedingt gegeben. Bei der Festlegung der Stationarität des Belastungsprozesses (z.B. Windböigkeit) wäre es unrealistisch, für $T \to \infty$ einen stationären Vorgang zu fordern. Es genügt eine Zeitdauer, während der sich die Schwingungsbeanspruchungen voll ausbilden können. Natürlich muß T groß genug sein, damit der betrachtete Zeitabschnitt als repräsentativ angesehen werden kann. Die überwiegende Zahl stochastischer Vorgänge ist durch eine Gausssche oder Normalverteilung charakterisiert. Eine wichtige Eigenschaft einer normalverteilten Funktion besteht darin, daß die Verteilungsfunktion jeder von ihr irgendwie linear abhängigen Funktion ebenfalls normalverteilt ist. Das gilt auch für die Autokorrelationsfunktion und die Leistungsspektralfunktion. Bei Beaufschlagen eines linearen Schwingers mit einer normalverteilten stochastischen Eingangsfunktion, ist die Ausgangsfunktion gleichfalls normalverteilt.

Die Mannigfaltigkeit der natürlichen Erscheinungsformen der Naturkräfte erfordert umfangreiche und langdauernde Messungen. Die vorhandenen Auswertungen können noch nicht als eine repräsentative statistische Beschreibung angesehen werden. Die mit der stochastischen Schwingungstheorie berechneten statistischen Kenngrößen der Reaktion des Bauwerkes haben immer nur die Qualität der entsprechenden Kenngrößen der äußeren Erregung.

6. Literatur

[1] Schlitt, H.: Systemtheorie für regellose Vorgänge. Verlag Springer, Berlin, Göttingen, Heidelberg, 1960.

[2] Schlitt, H.: Stochastische Vorgänge in linearen und nichtlinearen Regelkreisen. Verlag Technik Berlin, 1968.

[3] Hänel, B.: Tagung Dynamik und Getriebetechnik, 13.—16. Juni 1973. Band C, Seite XXXIX/1—24.

[4] Petersen, C.: Aerodynamische und seismische Einflüsse auf die Schwingungen insbesondere schlanker Bauwerke. Reihe 11 Nr. 11 der Fortschritt-Berichte der VDI-Zeitschriften.

[5] Kreyszig, E.: Statistische Methoden und ihre Anwendungen — 3. Auflage Göttingen 1968, Vandenhoeck & Ruprecht.

Hans Göldner, Hans Prochnow

Materialverhalten und Lastannahmen im Maschinenbau

Einleitung

Mit dem vorgelegten Artikel soll ein knapper Einblick in die Probleme gegeben werden, die der Konstrukteur und Berechnungsingenieur lösen muß, wenn er für seine Konstruktionen das tatsächliche Materialverhalten und die wirklichen Lasteinwirkungen in einem Berechnungsmodell erfassen soll.

Die Leistungsparameter aller Maschinen und Anlagen (Arbeitsgeschwindigkeit, Durchsatz, Drehzahl, Druck, Temperatur u.a.m.) steigen ständig. Andererseits wachsen aber auch die Anforderungen an die Funktionstüchtigkeit, die Zuverlässigkeit und Dauerhaftigkeit, die Sicherheit der Menschen am Arbeitsplatz, wobei der ökonomische Materialeinsatz einen weiteren wesentlichen Parameter im Betrachtungsfeld darstellt [1].

Bei gewähltem Berechnungsmodell, welches auch nur ein Abbild der tatsächlichen Konstruktion darstellt, hier aber nicht näher beleuchtet wird, sind Last-, Spannungs-, Verzerrungs-, Temperatur-, Zeit-Beziehungen so zu finden, daß die Wirklichkeit gut widergespiegelt wird. Eine optimale Wiedergabe kann nicht angestrebt werden, weil dadurch der Rechenaufwand insgesamt nicht bewältigt werden könnte, also gilt die These: „So genau wie nötig — so grob wie möglich!"

1. Darstellungen des Materialverhaltens in der Kontinuumsmechanik

1.1. Überblick

Die Konstruktionen von L. da Vinci (1452—1519) oder Galileo Galilei (1564—1643) sind sicher noch ohne Berücksichtigung des Materialverhaltens entstanden. Erst Hooke (1635—1703) stellt fest, daß in einem gewissen Bereich die Spannungen den Dehnungen proportional sind und legte damit den Grundstein zur *Elastizitätstheorie.* Das Verhalten des Materials über der Fließgrenze wurde erst in der ersten Hälfte unseres Jahrhunderts genauer untersucht und führte zur Entwicklung der *Plastizitätstheorie.* Hochpolymere und auch Metalle bei erhöhten Temperaturen zeigen Kriecheffekte (zeitabhängige wachsende Dehnungen bei gleichbleibender Spannung). Eine Erfassung dieser Effekte führte zur *Viskoelastizitätstheorie.*

Obwohl in kleinen Gebieten eines jeden Bauteils stets elastisches-plastisches viskoelastisches Materialverhalten gleichermaßen auftritt, werden im Sinne der Kontinuumsmechanik, die nur größere Gebiete erfaßt, diese Effekte getrennt betrachtet und weitere Voraussetzungen zur Materialstruktur gemacht.

1.2. Elastizitätstheorie

Die meisten Festigkeitsnachweise basieren auch heute noch auf der klassischen Elastizitätstheorie, deren hauptsächlichste Entwicklung im 19. Jahrhundert stattfand. Der Herleitung der elastischen Grundgleichungen liegt die Annahme eines homogenen isotropen Werkstoffes zugrunde, das Gleichgewicht wird am unverformten Volumenelement aufgestellt, es werden nur kleine Verformungen zugelassen, und es existiert ein linearer Zusammenhang zwischen Spannungen und Verzerrungen. In kartesischen Koordinaten können die folgenden Gleichungen formuliert werden:

Gleichgewichtsbedingungen:

$$\tau_{kl,k} + F_k^v = 0 \tag{1}$$

Verformungs-Verzerrungs-Beziehungen:

$$2d_{kl} = v_{k,l} + v_{l,k} \tag{2}$$

Verzerrungs-Spannungs-Beziehungen:

$$Ed_{kl} = \tau_{kl}(1 + \nu) - \delta_{kl}\nu s \tag{3}$$

Mit diesen 15 Gleichungen für die 15 Unbekannten kann man die elastischen Grundgleichungen z. B. für die Verschiebungen anschreiben

$$\Delta v_k + \frac{1}{1 - 2\nu} (div\,\vec{v})_{ik} + \frac{F_k^v}{G} = 0 \tag{4}$$

Es bedeuten:

k, l	die Koordinaten x, y, z
$v_k, v_l,$	die Verschiebungen v_x, v_y, v_z in x-, y-, z-*Richtung*
F_k^v	die Kräfte pro Volumeneinheit in x-, y-, z-*Richtung*
$\tau_{kl},$	die Normal- und Schubspannungen
$d_{kk} = \varepsilon_{kk}$	die Dehnungen
$2d_{kl} = \gamma_{kl}$	die Winkeländerungen
δ_{kl}	das Kronecker-Symbol
s	die Normalspannungssumme
$(\ )_{,k}$	die partiellen Ableitungen.

In den Gleichungen treten die Werkstoffkenngrößen E, G, ν auf, die miteinander über

$$E = 2(1 + \nu)G \tag{5}$$

verknüpft sind, so daß nur zwei Größen bestimmt werden müssen. Lösungen von (4) können geschlossen für praktische Fälle nicht angegeben werden, so daß man für die technischen Belange auf die einfachen Modelle Stab, Scheibe, Platte, Schale zurückgreift. Im Falle der reinen Torsion eines prismatischen Stabes, der sich in z-Richtung erstreckt und die Querschnittsfläche A hat, ist die Gleichung

$$\Delta\Phi + 2G = 0 \tag{6}$$

zu lösen, wobei die Torsionsfunktion Φ mit den Spannungen und dem Torsionsmoment über

$$\tau_{xz} = -\Phi_{,iy}; \qquad \tau_{yz} = \Phi_{,ix} \text{ und } M_t = 2\int_{(A)} \Phi dA \tag{7}$$

verbunden ist.

Der Beanspruchungszustand einer Scheibe, die in der x-, y-Ebene liegt, wird gelöst mit

$$\Delta\Delta F = 0 \tag{8}$$

wobei gilt

$$\tau_{xx} = F_{,iyy}, \qquad \tau_{yy} = F_{,ixx} \text{ und } \tau_{xy} = -F_{,ixy} \tag{9}$$

(F ist die Airysche Spannungsfunktion, und eine durch eine Flächenlast $p(x, y)$ beanspruchte Platte hat nach der Kirchhoffschen Plattentheorie die Differentialgleichung

$$k\Delta\Delta w - p(x, y) = 0 \tag{10}$$

zu erfüllen (w ist die Plattendurchsenkung in z-Richtung, k die Biegesteifigkeit der Platte).

Im Isotropiefall sind die Gleichungen relativ einfach, für beliebige Anisotropie kaum überschaubar und schon im Falle der Orthotropie muß statt (3) z.B. geschrieben werden

$$\varepsilon_{xx} = \frac{\tau_{xx}}{E_x} - \frac{\nu_y}{E_y}\tau_{yy} - \frac{\nu_z}{E_z}\tau_{zz} \tag{11}$$

so daß die Zahl der Kenngrößen sofort anwächst.

Anstelle von (10) müßte dann die Gleichung

$$K_x w_{,xxxx} + 2\,H w_{,xxyy} + K_y w_{,yyyy} - p(x, y) = 0 \tag{12}$$

mit

$$2\,H = K_x\nu_y + K_y\nu_x + 2(1 - \sqrt{\nu_x\nu_y})\sqrt{K_x K_y}$$

gelöst werden, wobei in praktischen Fällen die unterschiedlichen Biegesteifigkeiten (K_x, K_y) meist durch die geometrische Orthotropie entstehen (Stahlbeton, Wellblech u.a.m.).

Eine Erweiterung der vorgestellten Berechnungsmethoden ist im Rahmen der Elastizitätstheorie in verschiedenen Richtungen möglich. Beispielsweise muß bei extrem dünnen Platten mit großer Durchbiegung die Beziehung (2) modifiziert werden, so daß die Dehnung in x-Richtung dann lautet

$$\varepsilon_{xx} = v_{x,x} + \frac{1}{2} (v_{z,x})^2 \tag{13}$$

und für Stabilitätsfälle ist das Gleichgewicht von vornherein am verformten Bauteil aufzustellen. Stets kann man dabei aber mit dem linear-elastischen Stoffgesetz auskommen. Im Falle großer Verzerrungen verbietet sich allerdings die Annahme eines linearen Zusammenhanges zwischen Spannungen und Dehnungen!

Die COSSERAT-Theorie [2], die vor etwa 10 Jahren erneut Gegenstand vieler Veröffentlichungen wurde [3], basiert ebenfalls auf der Elastizitätstheorie. Hier werden den sechs Spannungen noch „Momentenspannungen" zugeordnet, der Spannungstensor ist nicht mehr symmetrisch und es sind weitere Werkstoffkenngrößen bereitzustellen, die aber schwer zu ermitteln sind. Ein Durchbruch im Festigkeitsnachweis ist mit dieser Theorie nicht erfolgt.

Bei Berechnungen nach der Elastizitätstheorie wird abgesichert nach der Fließgrenze oder Streckgrenze (σ_F, σ_S) bzw. bei nicht ausgeprägter Streckgrenze nach der 0,2-Dehngrenze $\sigma_{0,2}$, ermittelt am Probezugstab. Tatsächlich ist aber der Spannungszustand stets mehrachsig, so daß auf die bekannten Hypothesen zurückgegriffen werden muß. Das Material allein darf aber nicht entscheiden, welche Hypothese Verwendung finden soll. Durch einen mehrachsigen Spannungszustand, durch falsches Anlassen (Blaubruch) oder in gewissen Temperaturbereichen kann ein an sich duktiles Material durchaus spröd brechen!

1.3. Plastizitätstheorie

Materialökonomie fordert die Ausnutzung des Tragvermögens einer Konstruktion in jedem Querschnitt. Bei ungleichmäßiger Spannungsverteilung über dem Querschnitt (Biegung, Torsion, dickwandiger Behälter unter Innendruck usw.) wird die elastische Grenzlast erreicht, wenn an einer Stelle des Querschnitts Fließen einsetzt. Beim rechteckigen Balken beträgt dieses „elastische Moment"

$$M_{el} = \frac{\sigma_F b h^2}{6}$$

das „Traglastmoment" hingegen, bei dem die Fließgrenze an jeder Stelle des Balkens erreicht ist, beträgt

$$M_{Tr} = \frac{\sigma_F b h^2}{4}$$

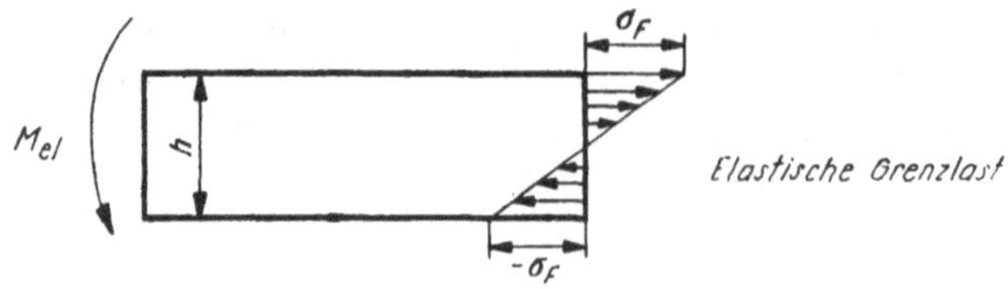

Abb. 1.1. Spannungsverlauf bei elastischer Grenzlast

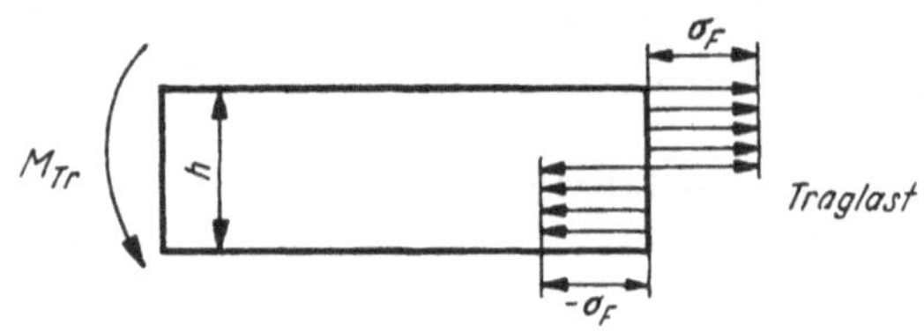

Abb. 1.2. Spannungsverlauf bei Traglast

d.h. $M_{Tr} = 1{,}5\ M_{el}$; die Belastung kann also um 50% gesteigert werden. Dabei wurde ideal elastisch-plastisches Materialverhalten angenommen. Die Modellvorstellung dazu bildet der Festkörpermechaniker über ein Feder-Reibpaar-Feder-System (Abb. 2)

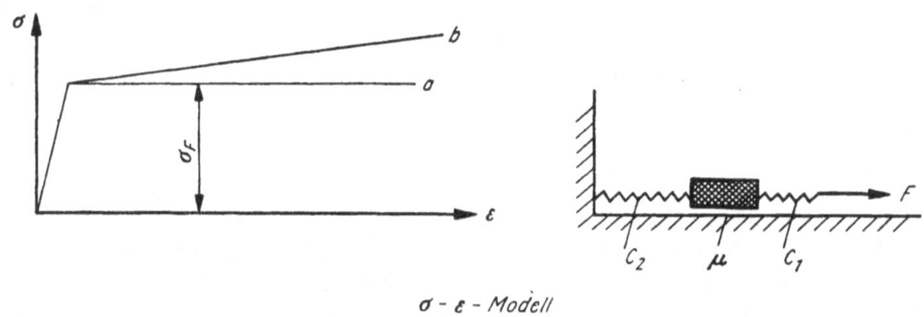

Abb. 2. Modellvorstellung für ideal elastisch-plastisches Materialverhalten

Für $\sigma < \sigma_F$ wird nur die Feder c_1 angesprochen, und es gilt $\varepsilon = \frac{\sigma}{E}$. Für $\sigma > \sigma_F$ wird die Reibung überwunden und die Feder c_2 angesprochen und es gilt

$$\varepsilon = \frac{\sigma_F}{E} + \frac{\sigma - \sigma_F}{E_1} \tag{14}$$

wobei i.a. $E_1 \ll E$ (s. Gerade b in Abb. 2). Die lineare Verfestigung des Materials muß durch den Wert E_1 erfaßt werden; bei nichtlinearer Verfestigung ist $E_1(\varepsilon)$ zu bestimmen.

Für das Traglastverfahren rechnet man jedoch meist mit elastisch ideal plastischem Materialverhalten (Gerade a in Abb. 2) und behält sich die Verfestigung als „Sicherheit" vor.

Für den Bereich oberhalb σ_F kann das Materialverhalten auch durch

$$\sigma = \sigma_F \left| \frac{\varepsilon}{\varepsilon_F} \right|^K sign\, \varepsilon \tag{15}$$

abgebildet werden, wobei der Exponent k experimentell zu bestimmen ist. Verwendet werden auch Beziehungen der Form

$$\sigma = \sigma_F + \tan h \frac{E_\varepsilon}{\sigma_F} \text{ oder } \sigma = \sigma_F \frac{\frac{E_\varepsilon}{\sigma_F}}{\sqrt{1 + \left(\frac{E_\varepsilon}{\sigma_F}\right)^2}} \tag{16}$$

Für mehrachsige Spannungszustände wird der Fließzustand meist durch die Fließbedingungen von Tresca

$$\Phi = (\sigma_1 - \sigma_3)^2 - \sigma_F{}^2 \tag{17.1}$$

oder von Mises-Huber-Hencky

$$\Phi = \frac{1}{2} [(\sigma_1 - \sigma_2)^2 + (\sigma_2 - \varrho_3)^2 + (\sigma_3 - \sigma_1)^2] - \sigma_F^2 \tag{17.2}$$

bestimmt, wobei $\sigma_1 > \sigma_2 > \sigma_3$ die Hauptspannungen sind.

Das Problem der Verfestigung ist hier noch schwieriger zu lösen. Bei isotroper Verfestigung weitet sich die Fließfläche geometrisch ähnlich auf, und bei kinematischer Verfestigung, bei der der ideale Bauschinger-Effekt berücksichtigt wird, verschiebt sich die Fließfläche wie ein starrer Körper im Spannungsraum. Das Modell von Novoschilov sieht eine Kombination beider Verfestigungsannahmen vor.

Backhaus [4] untersuchte die Effekte, die bei Entlastung und Wiederbelastung, Belastungsumkehr sowie Querbelastung auftreten und kam zu neuen Erkenntnissen, die weiterer Untersuchungen bedürfen. Er spaltet den Bauschinger-Effekt in Effekte 1. und 2. Art auf und findet bei Querbelastung den sog. Crosseffekt (Abb. 3). Es ergeben sich „fiktive" Fließspannungen (III und IV), die zusammen mit II auf einer Fließgrenzfläche liegen, die gegenüber der Ausgangsfließfläche, auf der I liegt in Lage und Gestalt verändert ist (Abb. 4).

Umfangreiche Versuche für verschiedene Lastregime sind notwendig!

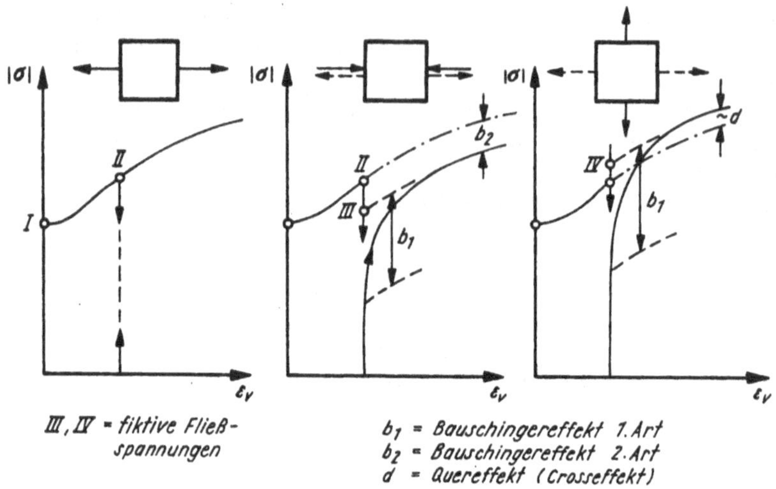

Abb. 3. Fließspannungen bei Änderung der Belastungsrichtung

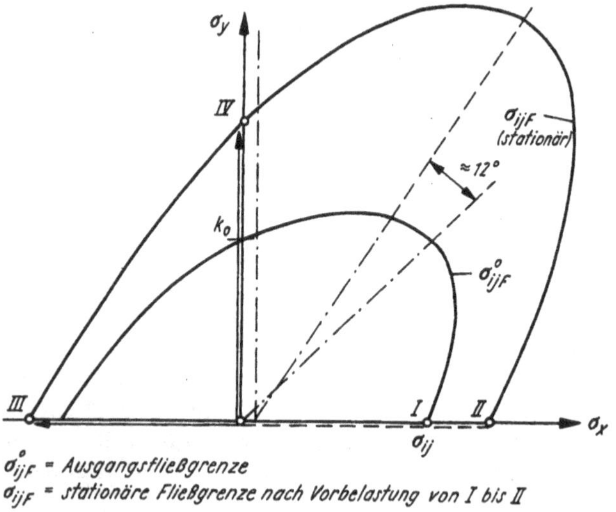

Abb. 4. Fließgrenzen eines ebenen Spannungszustandes

1.4. Viskoelastizitätstheorie

Bei den bisherigen Betrachtungen trat die Zeit als Variable nicht auf. Hochpolymere und auch Metalle, die bei höheren Temperaturen beansprucht werden, erfahren unter konstanter Spannung Dehnungszuwüchse. Dieser Vorgang wird Kriechen genannt.

(Wenn bei Hochpolymeren von Kriechen gesprochen wird, wird stets eine konstante Spannung vorausgesetzt. Beim Hochtemperaturkriechen kann die Belastung sich auch verändern. Hier werden diese Effekte nicht unterschieden). Werden z.B. vier Proben mit den Laststufen 1 bis 4 beansprucht und die zugehörigen Dehnungen sofort nach der Belastung, nach einem Tag und nach einer Woche ermittelt und in ein Diagramm eingetragen, so ergibt sich das Isochronen-Diagramm. Kann man die Meßpunkte durch Geraden unterschiedlicher Neigung verbinden, so liegt linear-elastisches Verhalten des Materials vor (Abb. 5).

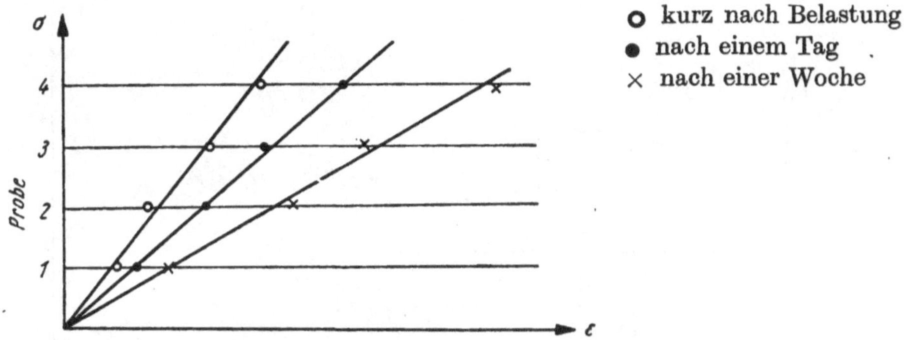

Abb. 5. Isochronen-Diagramm

Die lineare Viskoelastizitätstheorie bildet nach einfachsten Modellen das Verhalten eines kriechfähigen Materials ab [5].

Es besteht die Aufgabe, für jeden Werkstoff die entsprechende Kriechfunktion $J(t)$ zu ermitteln, und es gilt dann (Abb. 6)

$$\varepsilon = \sigma_0 \cdot J(t) \tag{18}$$

Abb. 6. Kriechfunktion

Ein möglicher Verlauf $\sigma(t)$ ist mit dem zugehörigen $\varepsilon(t)$-Verlauf in Abb. 7 dargestellt. Ein nur für $0 \leq t \leq t_0$ mit σ belasteter Probestab zeigt auch noch Dehnungen für $t > t_0$.

Bei festgehaltener Dehnung bauen diese Werkstoffe Spannungen ab; man spricht von Relaxation.

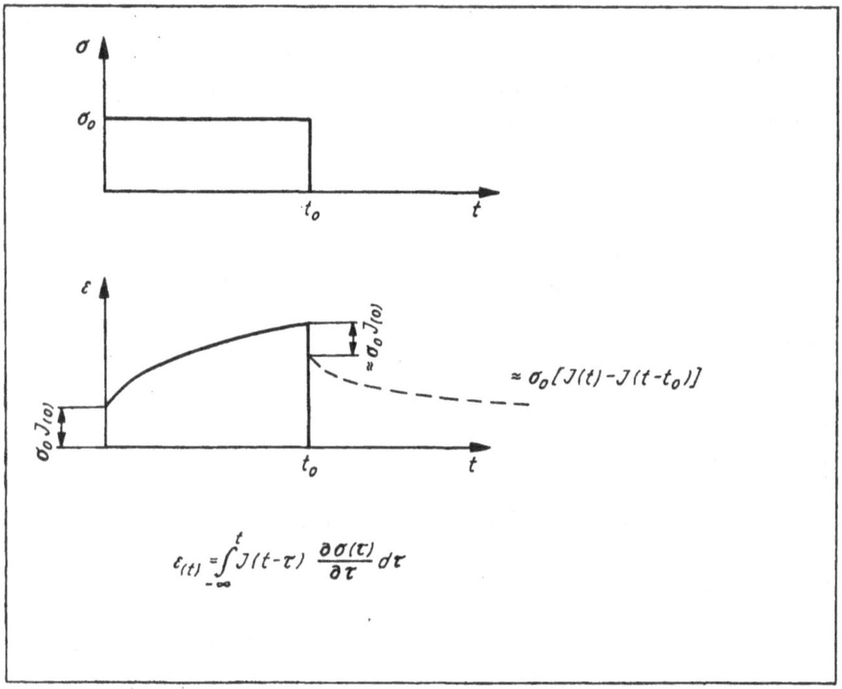

Abb. 7. Dehnungsverhalten eines Probestabes

Leider sind die meisten Kunststoffe im Materialverhalten nichtlinear und es gibt eine Flut von möglichen Abbildungsfunktionen. BERGANDER [6] hat ein vereinfachtes nichtlineares Modellstruktursystem vorgeschlagen. Es setzt die Stoffstruktur nach dem Additionsprinzip aus den elementaren Unterstrukturen elastische Feder und viskoser Dämpfer zusammen (Abb. 8) und fordert „ideal" isotropes Material. Dabei wird neben der normalen Isotropie noch gefordert: Unabhängigkeit von Gestalt- und Volumenänderung, tensorielle Linearität und Existenz eines Potentials der Verzerrungsgeschwindigkeiten.

Dann kann das Verhalten durch die beiden skalaren Funktionen K ($\triangleq$ Volumenänderung) und G ($\triangleq$ Gestaltänderung) beschrieben werden.

Für das Hochtemperaturkriechen, welches bei Stahl und Grauguß ab 300°C berücksichtigt werden muß, wird die Dehnung meist als Produkt einer Spannungs- und einer Zeitfunktion angeschrieben.

$$\varepsilon_k = f(\sigma) \cdot g(t) \tag{19}$$

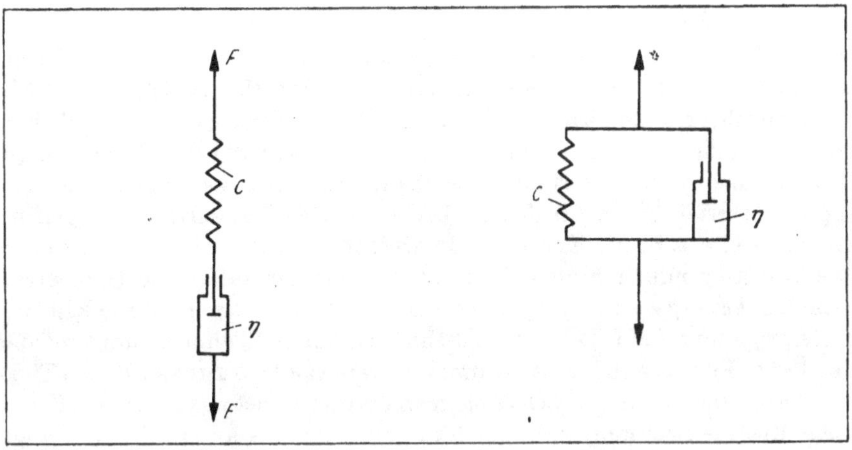

Maxwell Kelvin

Abb. 8. Nicht lineares Modellstruktursystem

wobei oft

$$g(t) = t^{\varkappa} \text{ mit } \varkappa = 0{,}3 \tag{20}$$

gesetzt wird. Für $f(\sigma)$ finden verschiedene Ansätze Verwendung.

$$f(\sigma) = B_1 \sigma^{b1} \qquad f(\sigma) = B_3 \sinh\left(\frac{\sigma}{b_3}\right)$$

$$f(\sigma) = B_2 \exp\left(\frac{\sigma}{b_2}\right) \qquad f(\sigma) = B_4\left[\exp\left(\frac{\sigma}{b_4}\right) - 1\right] \tag{21}$$

Interessant ist vor allem der Anlaufvorgang (Primärkriechen und die damit zusammenhängenden Spannungsumlagerungen).

Rabotnov [5] schlägt eine Funktion vor, die neben der Dehnungsgeschwindigkeit, der Spannung und der Temperatur noch Strukturparameter q_i enthält, die physikalisch nicht näher untersucht werden.

$$\Phi(\varepsilon_k, \sigma, T, q_i) = 0 \tag{22}$$

Ihre Änderung während des Kriechens wird erfaßt durch

$$dq_i = a_i\, d\sigma + b_i\, d_\varepsilon + c_i\, dT + d_i\, dt \tag{23}$$

Verschiedene Theorien (Zeitverfestigungstheorie, Dehnungsverfestigungstheorie, Dissipationstheorie) bilden unterschiedlich das tatsächliche Verhalten des Materials ab. Schon einachsig ist die Abhängigkeit schwer zu erfassen. Im räumlichen Falle muß eine Vergleichsdehnung eingeführt werden, was die Treffsicherheit noch verringert. Leider liegen sehr wenige Angaben über die Temperaturabhängigkeit der Werkstoffgrößen vor. Für den sowjetischen Stahl ЭИ 69 konnte für ein Laufrad die in der SU durchgeführte Messung mit einer von Wesselinow [7] durchgeführten Rechnung verglichen werden.

1.5. Bruchmechanik

Es ist sicher nicht richtig, unter die Überschrift „Materialverhalten in der Kontinuumsmechanik“ neben Elastizitätstheorie, Plastizitätstheorie und Viskoelastizitätstheorie die Bruchmechanik zu stellen. Gezeigt werden soll aber hier nur die völlig neue Vorgehensweise in der Behandlung des Problems. Die Kontinuumsmechanik unterstellt ungeschädigtes (meist noch homogenes und isotropes) Material. Sie ist in den zu betrachtenden Bauteilabmessungen begrenzt und sollte z. B. bei Kerben nicht wesentlich unter einen Millimeter im Kerbradius Anwendung finden. Neuber [8] hat für zahlreiche Geometrien Formzahlen bereitgestellt, mit denen elastizitätstheoretisch sehr leicht von einer Nennspannung auf die „tatsächliche“ maximale Spannung umgerechnet werden kann. Für extrem kleine Krümmungsradien gibt Neuber [9] eine Theorie der Mikro- und Makrostützwirkungen an und errechnet aus der realen Strukturlänge Ersatzstrukturen, die dem Krümmungsradius am Kerbgrund zugeschlagen werden. Berücksichtigt wird auch die Abweichung im Spannungs-Dehnungs-Verhalten von der Hookeschen Geraden durch ein einfaches Nomogramm.

In der Bruchmechanik [10] werden Inhomogenitäten (Lunker, Härterisse, Korngrenzenausscheidungen u. a. m.) von vornherein als Anrisse angenommen. Die Kerbradien an der Rißspitze liegen unter dem o.a. Wert und es treten nach rein elastizitätstheoretischen Berechnungen an der Rißspitze Spannungen auf, die die Größenordnung der theoretischen Festigkeit erreichen! Damit verbunden treten Winkeländerungen (Schiebungen) auf, die keinesfalls mehr, wie in der Elastizitätstheorie üblich, in einer Größenordnung von 10^{-3} liegen. Die Betrachtung als einachsiger Spannungszustand muß ebenfalls aufgegeben werden, und auch ein ebener Spannungszustand ist nur an der Oberfläche vorhanden, während im Inneren des Bauteils mit dem ebenen Deformationszustand gerechnet werden muß. Zahlreiche Modelle zur Rißbetrachtung existieren bereits, und es wird auch noch einiges von Festkörperphysikern, Werkstofftechnikern und Festkörpermechanikern getan werden müssen, um die tatsächliche Rißausbreitung einigermaßen abbilden zu können.

2. Methoden der Betriebsfestigkeit zur Aufstellung von Lastannahmen

2.1. Überblick

Bei der Festlegung von Lastannahmen ist grundsätzlich zwischen statischen und dynamischen Beanspruchungen, wegen der darauf aufbauenden unterschiedlichen Methoden der Festigkeitsberechnung, zu unterscheiden. Die dynamischen Beanspruchungen werden weiterhin unterteilt in

- Abläufe, bei denen Amplitude, Mittelspannung und Frequenz konstant sind (1. Art)
- stochastische Beanspruchungen, wobei der zeitliche Ablauf sich ständig regellos oder zufällig ändert (2. Art).

Alle Betrachtungen zur Dauer- und Zeitschwingfestigkeit oder Gestaltfestigkeit beruhen immer auf den dynamischen Beanspruchungen 1. Art. Eine wesentliche Erweiterung auf die stochastischen Beanspruchungen ergab sich durch die Betriebsfestigkeit, die sich seit 1940 im Flugzeugbau und später in den anderen Industriezweigen entwickelt hat. Mit Betriebsfestigkeit bezeichnet man die Berechnung und experimentelle Prüfung der Bauteile, Tragwerke, Baugruppen, Maschinen und Anlagen im Hinblick auf ihre Lebensdauer oder Zuverlässigkeit auf der Basis der

- stochastischen Beanspruchungen,
- statistischen Verteilungen der Bauteil- und Werkstoffkenngrößen oder eventuell entsprechender Kennfunktionen,
- konstruktiven Gestaltung und Fertigung des Details,
- erforderlichen Sicherheit in Abhängigkeit der Ausfallwahrscheinlichkeit,
- Neben- und Umweltbedingungen sowie sonstiger Einflußfaktoren.

Im folgenden wird nur eine Auswahl von Methoden zur Aufstellung von Lastannahmen bei stochastischen Beanspruchungen behandelt, da diese entsprechend dem heutigen Stand von Wissenschaft und Technik sowie bei genauer Betrachtung der Probleme überwiegend anzuwenden sind und die Verfahren zur Analyse der statischen Beanspruchungen sowie der dynamischen Beanspruchungen 1. Art vorausgesetzt werden können.

2.2. Analyse der äußeren Betriebsbelastungen und inneren Beanspruchungen an Bauteilen, Tragwerken und Baugruppen

Die meßtechnische Ermittlung der Beanspruchungsabläufe ist der einzige Weg, um die tatsächlichen Verhältnisse unter den jeweiligen Bedingungen exakt bestimmen zu können. Auf weitere Methoden mit merklichen Einschränkungen wird später hingewiesen. Das experimentelle Verfahren erfordert in verschiedenen Richtungen einen hohen Aufwand. Diesbezüglich sind zu nennen;

1. Auswahl der Meßstellen zur Vermeidung von Überlagerungen.

An einer Meßstelle

- soll nur die durch eine Kraft oder ein Moment hervorgerufene Meßgröße auftreten
- muß möglichst ein einachsiger Spannungszustand oder ein eindeutiger zweiachsiger Spannungszustand vorliegen, deren Hauptspannungsrichtungen sich zeitlich kaum ändern und zusätzlich
- ist eine Beeinflussung der Meßgröße durch andere unerwünschte (gerade nicht als untersuchte Größen ausgewählte) Komponenten von Kräften oder Momenten zu vermeiden oder in vertretbaren Grenzen zu halten.

Bei Überlagerung von maximal zwei oder drei Kräften oder Momenten sind mehrere Meßstellen in entsprechenden Abständen nach den obigen Prinzipien so auszuwählen, daß später eine Trennung der Eingangsgrößen erfolgen kann. Liegt ein zweiachsiger Spannungszustand mit veränderlichen Hauptspannungsrichtungen vor, so sind Dehnungsmeßstreifen mit drei Meßgittern (Rosetten) zu verwenden. Es muß das Ziel der Untersuchungen sein, möglichst viele der an dem Tragwerk oder der Baugruppe angreifenden Kräfte oder Momente sowie zusätzlich die Beanspruchungen in den Trägerquerschnitten an hochbeanspruchten Stellen zu ermitteln.

2. Einrichtung der Meßstellen und deren Kalibrierung mit Hilfe spezieller Vorrichtungen

3. Analyse der bei der Aufnahme und Auswertung von stochastischen Beanspruchungsvorgängen auftretenden Fehler. Es sind zu beachten: Dehnmeßtechnik, Magnetbandaufzeichnung (Störspannungen, Gleichlaufschwankungen, Frequenzgang, Linearität), Klassiertechnik (Wirkung von Filtern, Einfluß der Bandgeschwindigkeit, Klassengrenzen, Hysterese, Bezug der Extremwerte auf die Klassenmitten)

4. Aufstellung eines Einsatzspiegels, der alle Varianten und den jeweiligen Umfang des Einsatzes der Maschine oder der Anlage während der gesamten Lebensdauer enthält. Festlegung des Meßprogramms nach dem Einsatzspiegel und Auswahl von charakteristischen Varianten und Bedingungen

5. Aufnahme und Auswertung der stochastischen Beanspruchungsvorgänge nach den einzelnen Punkten des Meßprogramms zur Bestimmung der Verteilungen der Teilkollektive bei einer bestimmten durchschnittlichen Härte oder Wahrscheinlichkeit der Intensität

6. Getrennte meßtechnische Ermittlung von besonders charakteristischen Extremwerten, die die maximale Beanspruchung eines konkreten längeren Abschnittes oder eines Arbeitsspiels repräsentieren, zur genauen Festlegung der Kollektivgrößtwerte und der Wahrscheinlichkeit der Intensität

7. Berechnung der Gesamtkollektive aus den Teilkollektiven einschließlich der Extrapolation. Durch die Extrapolation um die Standardabweichung σ an beiden Enden des Gesamtkollektivs bei eindeutiger Verteilung oder einer entsprechenden Extrapolation der Häufigkeit im Korrelationsnetz, die zu bedeutend besseren Ergebnissen führt, wird der Unterschied zwischen dem kleineren Größtwert der Stichprobe infolge der Messungen und dem Größtwert des Beanspruchungskollektivs, welcher der gesamten Lebensdauer entsprechen soll, verringert.

Einige der hier zusammengestellten Gesichtspunkte sollen an ausgewählten Bildern, die die Untersuchungen an einem Versuchsfahrzeug des VEB Barkas betreffen, erläutert werden. Ausführlicher wird auf die Punkte 1. bis 3. und 5.

in der Dissertation von SCHMIEDECK [11] eingegangen. Weiterhin wurde von PULS in [12] der Einfluß des Bedienungspersonals sowie wichtige Gesichtspunkte zur Erfassung der Größtwerte mit statistischen Methoden untersucht.

Die Abb. 9 zeigt den ausgebauten Rahmen des Versuchsfahrzeuges mit den aufgeklebten Dehnungsmeßstreifen. Der Dehnungsmeßstreifen nimmt die in seiner Gitterrichtung in der Oberfläche des Meßobjekts durch die Beanspruchungen erzeugten Dehnungen auf und sein Meßgitter erfährt dadurch Widerstandsänderungen. Über eine Brückenschaltung wird die Widerstandsänderung in ein elektrisches Ausgangssignal am Meßverstärker umgewandelt, so daß mit der Dehnungsmessung die eingeleiteten Beanspruchungen bestimmt werden können.

Abb. 9. Ausgebauter Rahmen des Versuchsfahrzeuges

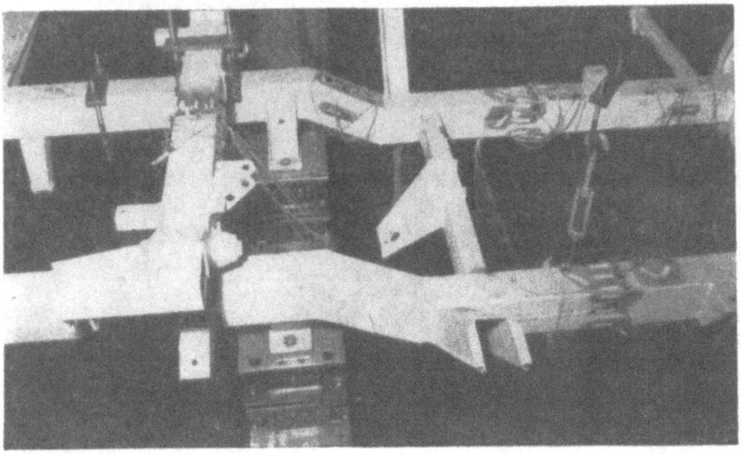

Abb. 10. Meßstellen am Rahmen

Die Meßstellen an den Hohlprofilen des Rahmens sind noch deutlicher in Abb. 10, welches einen Ausschnitt von Abb. 9 darstellt, zu erkennen. Auch alle anderen Bauteile, an denen die eingeleiteten Kräfte oder Momente oder die Beanspruchungen ermittelt werden sollen, sind mit Dehnungsmeßstreifen vorzubereiten. Die Kalibrierung jeder Meßstelle ist in der Regel sehr aufwendig, denn sie erfordert die Entwicklung und den Bau spezieller Vorrichtungen und Meßglieder, wie z.B. die in Abb. 11 zur Einleitung der drei Radkraftkomponenten benutzte Platte, welche an der Radverschraubung befestigt ist. Weiterhin sind in Abb. 11 die Meßglieder zur Nachbildung der Radkraftkomponenten

Abb. 11. Eichvorrichtung zur Einleitung der Radkraftkomponenten

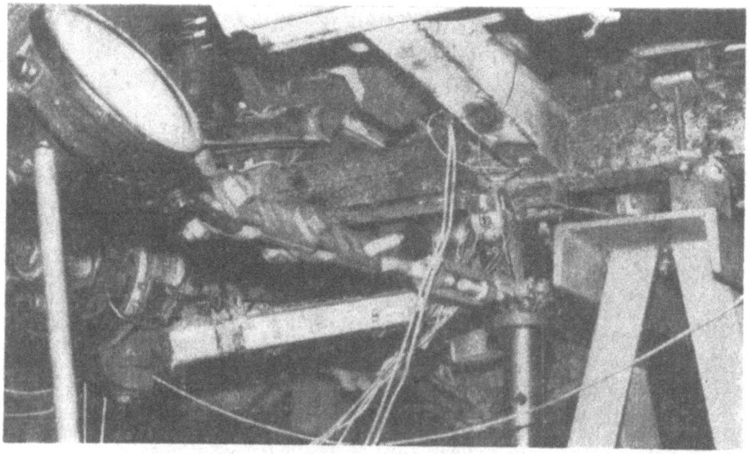

Abb. 12. Eichung einer Meßstelle im Bereich der rechten Vorderradaufhängung

in vertikaler und horizontaler Richtung zu erkennen, die in ihrer Lage und den Abständen der Wirklichkeit am Rad entsprechen müssen. Die Abb. 12 zeigt den Versuchsaufbau einschließlich der Meßglieder zur Kalibrierung von Meßstellen im Bereich der rechten Vorderradaufhängung.

Bei der Kalibrierung werden die Meßwerte an der untersuchten Meßstelle und wenn erforderlich an den Meßstellen der näheren Umgebung in Abhängigkeit der an den Meßgliedern stufenweise im Bereich von Null bis zum maximalen Wert nacheinander eingestellten Kräfte oder Momente am Anzeigeinstrument der Meßverstärker abgelesen oder von einem Drucker aufgeschrieben. Die jeweilige Meßstelle ist für die weiteren Untersuchungen nur geeignet, wenn die bereits genannten Prinzipien zur Auswahl eingehalten werden und sich durch die Kalibrierung eine eindeutige Charakteristik zwischen eingeleiteter Kraft oder eingeleitetem Biege- oder Torsionsmoment und der Dehnung ergibt. Ansonsten ist mit dem Vorgang zur Auswahl der Meßstelle von vorn zu beginnen. Für die weiteren Festigkeitsberechnungen ist es erforderlich daß man mit der Vielzahl der ausgewählten Meßstellen die wichtigsten in ein Tragsystem eingeleiteten Kräfte und Momente sowie die inneren Beanspruchungen an interessierenden Querschnitten bestimmen kann.

Die Meßstellen am Fahrzeug sind vor der Einwirkung von Spritzwasser, Steinen, Schmutz und anderen Beschädigungen zu schützen. Dazu ist eine mehrmalige Abdeckung notwendig. Die geschützten Meßstellen einschließlich der Verbindungskabel zwischen Dehnungsmeßstreifen und Meßverstärker sind in Abb. 13 zu erkennen.

Die benötigten Geräte zur Aufnahme und Registrierung der stochastischen Beanspruchungsabläufe enthält Abb. 14. Dazu gehören

ein frequenzmoduliertes Magnetbandgerät z.B. EMM 140 mit 14 Kanälen zur Registrierung;

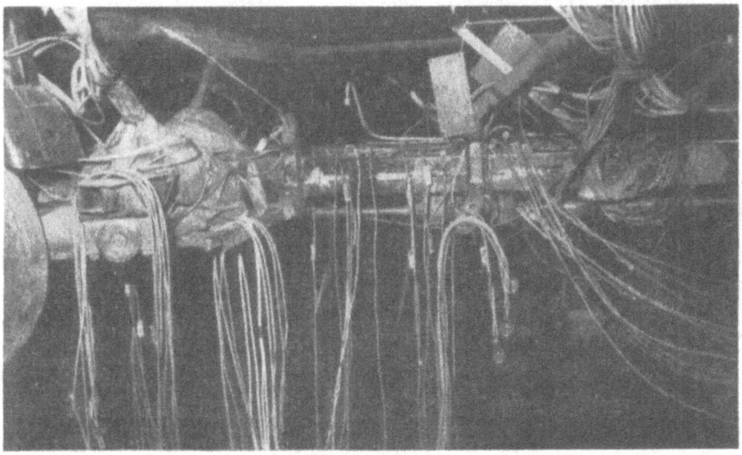

Abb. 13. Verkabelung verschiedener Meßstellen am Fahrzeugrahmen

Abb. 14. Geräte zur Aufnahme und Registrierung stochastischer Beanspruchungsabläufe

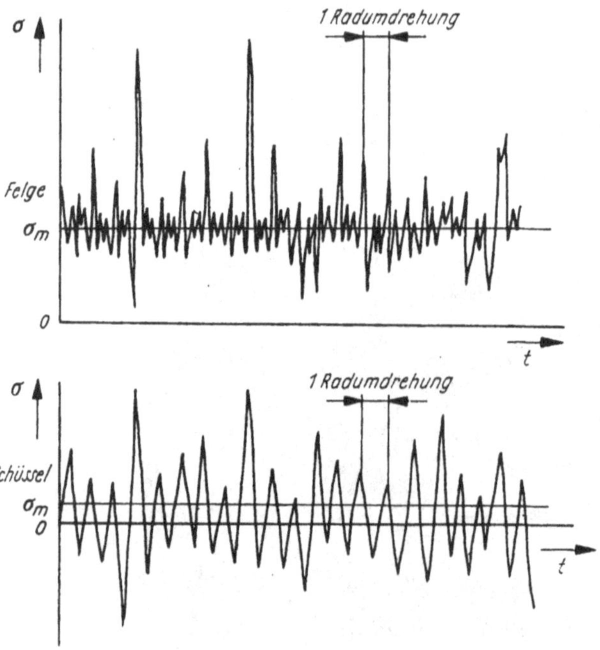

Abb. 15. Gegenüberstellung des Beanspruchungsverlaufes an zwei verschiedenen Systempunkten eines Pkw-Rades

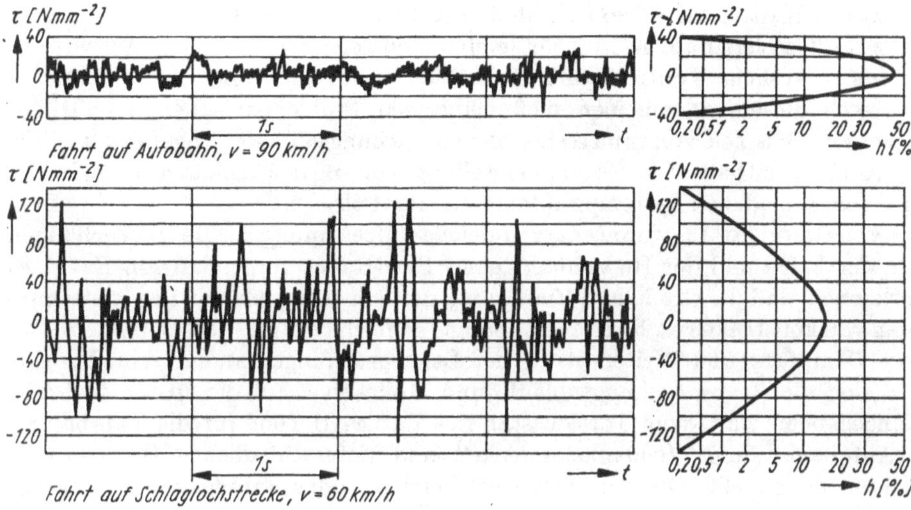

Abb. 16. Beanspruchungsabläufe und -kollektive am Torsionsstab des Barkas B 1000

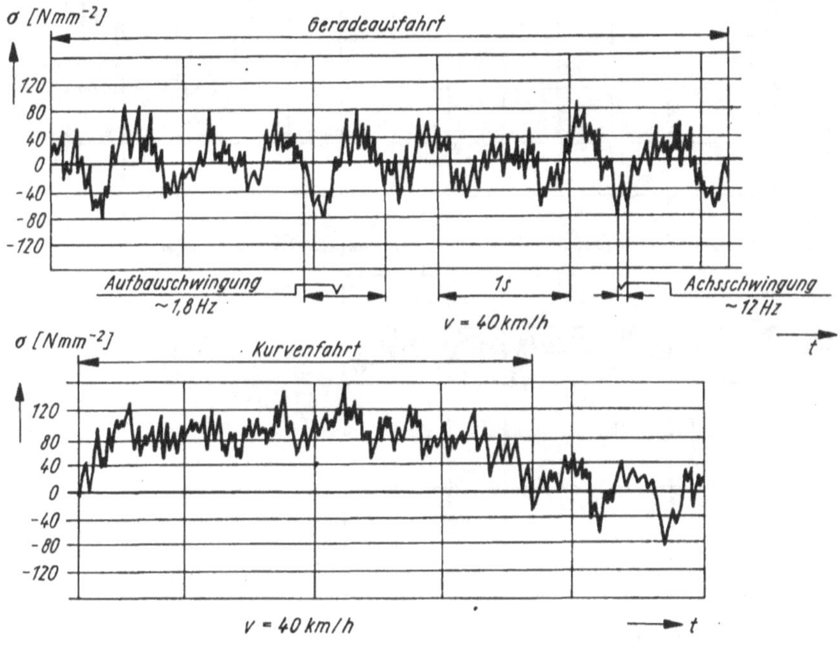

Abb. 17. Beanspruchungsablauf an der Federauflage einer Lkw-Hinterachse

zwei 6-Kanal Trägerfrequenz-Meßverstärker z. B. Typ KWS/6E-5;
zwei Klassiergeräte KLA 2 für je eine Meßstelle zur sofortigen Auswertung als zusätzliche Kontrolle und die mobile Stromversorgung.

Nach diesem allgemeinen meßtechnischen Problemen sollen noch einige konkrete Beispiele von gemessenen Beanspruchungsabläufen angeführt werden.

Abb. 15 enthält eine Gegenüberstellung von Beanspruchungsverläufen an zwei verschiedenen Systempunkten eines Bauteils.

Von Grubisic [13] wurde eine zeitgleiche Aufzeichnung der Beanspruchungen an der Felge und der Radschüssel eines Pkw-Rades vorgenommen. Es ist zu erkennen, daß die Größe und Zuordnung der Schwingspiele der Beanspruchungen von konstruktiven Faktoren abhängt. Je nach dem elastischen System wird die Dämpfung und Weiterleitung der Beanspruchungen anders sein. In Abb. 16 sind die Beanspruchungsabläufe und -kollektive auf die später nochmals eingegangen wird vom Torsionsstab des Barkas B 1000 für die Fahrbahnen „Autobahn" und „Schlaglochstrecke" und unterschiedlichen Geschwindigkeiten dargestellt. Die verschiedenen Betriebs- oder Fahrzustände (Straßen-

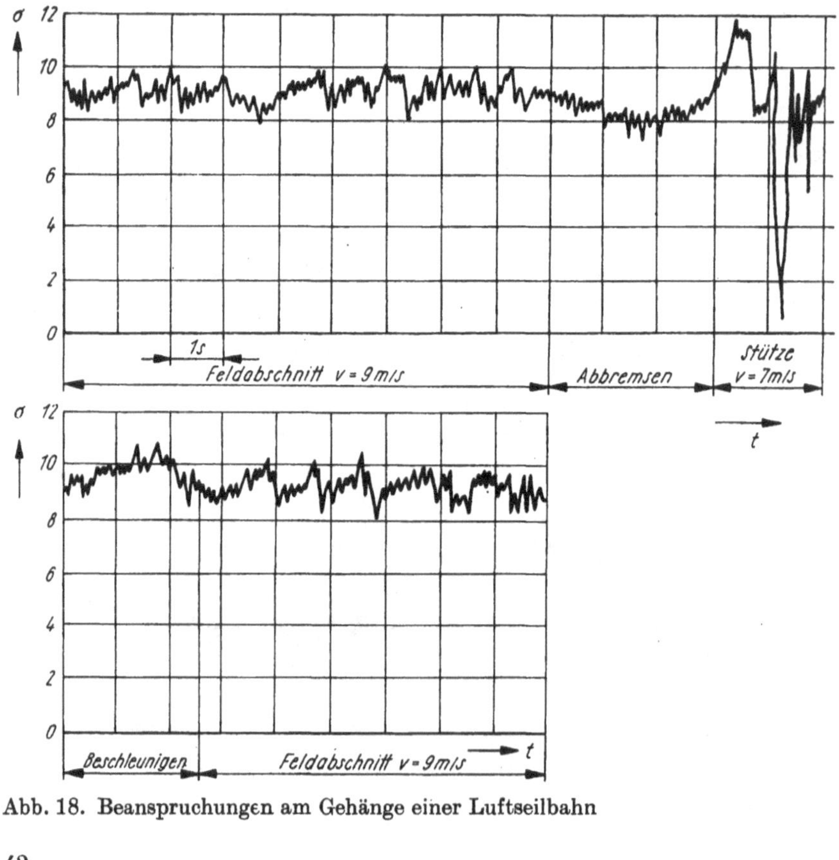

Abb. 18. Beanspruchungen am Gehänge einer Luftseilbahn

arten, Geländeform, besondere Belastungszustände — Anfahren, Beschleunigen, Durchfahren von Resonanzgebieten —, Fahrgeschwindigkeiten), Rüstzustände, Arbeitszustände oder Beladung, Bedienungspersonen haben einen erheblichen Einfluß auf die Größe und die weiteren Parameter der stochastischen Beanspruchungen. Es treten auch im ebenen oder bergigen Gelände sowie bei Geradeaus- bzw. Kurvenfahrt erhebliche Unterschiede auf. Die Abb. 17 zeigt den Beanspruchungsablauf im Bereich der Federauflage einer Lkw-Hinterachse bei gleicher Fahrgeschwindigkeit, wobei die veränderte Mittelspannung während der Kurvenfahrt charakteristisch ist. Derartige stochastische Beanspruchungsabläufe treten nicht nur an Flugzeugen, Schiffen, Fahrzeugen und mobilen Maschinen, sondern auch an stationären Anlagen, wie z. B. an Luftseilbahnen, auf. In Abb. 18 sind die auftretenden Beanspruchungen am Gehänge einer Luftseilbahn beim Überfahren einer Stütze im Vergleich zu den Feldabschnitten sowie beim Abbremsen und Beschleunigen nach Buxbaum [14] dargestellt.

Wie die wenigen Beispiele zeigen, ist die Auswahl der Meßstelle sehr entscheidend, damit die Ergebnisse auch repräsentativ sind.

2.3. Auswertung von stochastischen Beanspruchungsabläufen

Seit August Wöhler 1869 mit seinen Versuchen an Eisenbahnachsen das Gebiet der Schwingfestigkeit begründete, sind umfangreiche experimentelle Festigkeitsuntersuchungen durchgeführt worden, um die benötigten Daten für die Berechnung in Abhängigkeit der Vielzahl der Einflußgrößen zur Verfügung zu stellen. Die früher dabei ausschließlich angewendete Einstufenbelastung konnte, auf der Grundlage einer Weiterentwicklung der Prüfmaschinentechnik und der Notwendigkeit einer genaueren Nachbildung der Betriebsbeanspruchung, in jüngster Zeit durch Mehrstufen- und Randombelastung ersetzt werden. Der Ausgangspunkt dafür muß die Auswertung der auf Bauteile und Tragwerke wirkenden stochastischen Belastung sein, bei der die Größe der Amplituden und die Lage der Mittelspannung der einzelnen Lastwechsel sowie deren Häufigkeit ermittelt werden. Zur Auswertung der stochastischen Beanspruchungsabläufe stehen unterschiedliche Typen von Klassiergeräten zur Verfügung. Im allgemeinen finden die Geräte vom VEB Meßelektronik Dresden KLA 2 und KLA 9 Anwendung. Von den verschiedenen einparametrigen Zählverfahren, wie z. B.

- Zählung der regulären Extremwerte,
- Zählung der Überschreitungen von Klassengrenzen,
- getrennte Zählung aller positiven und negativen Extremwerte und
- Zählung der Schwingbreiten bei Vernachlässigung der Mittelspannungen

kommt vorwiegend die dritte Methode zur Anwendung. In Abb. 19 ist ein kleiner Ausschnitt eines stochastischen Beanspruchungsablaufes nach dieser Me-

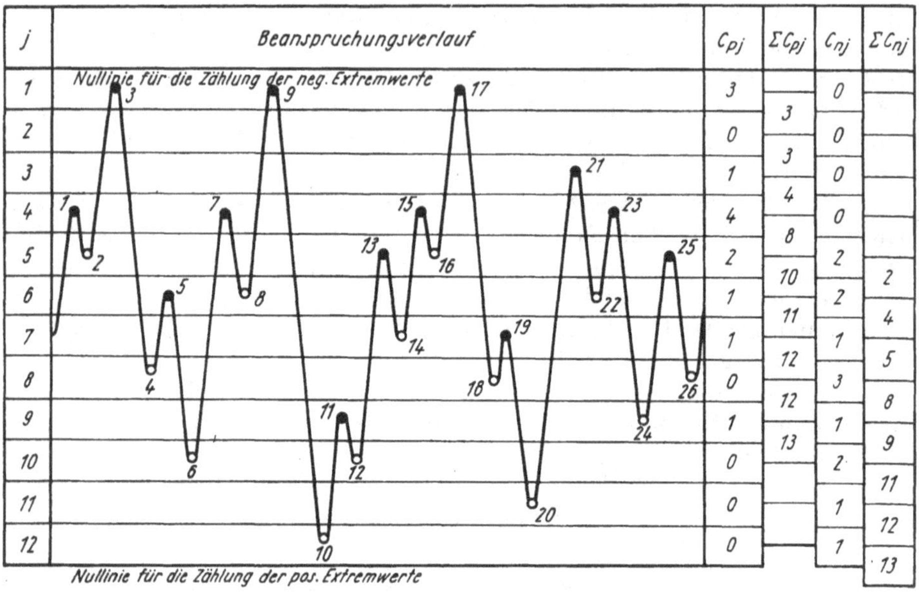

Abb. 19. Getrennte Zählung aller Extremwerte

thode ausgewertet worden. Die positiven Extremwerte (Maxima) in der Klasse j werden mit C_{pj} und die negativen Extremwerte (Minima) mit C_{nj} bezeichnet. Die absoluten Klassen- und Summenhäufigkeiten befinden sich rechts in der Tabelle in Abb. 19. Die getrennte Zählung aller positiven und negativen Extremwerte mit der KLA 2 erfordert, daß jeder auf dem Magnetband gespeicherte Beanspruchungsablauf mindestens zweimal ausgewertet wird, um einmal die Maxima und danach die Minima zu zählen. Aus den Verteilungen der positiven und negativen Extremwerte ist dann mit Hilfe eines Rechenprogramms das Teilkollektiv zu ermitteln. Unter einem Belastungskollektiv versteht man die Häufigkeitsverteilung einer Merkmalsgröße, z.B. der verschiedenen Amplituden, die sich bei der Auswertung des stochastischen Belastungsablaufes ergeben. Es kann aber auch die Verteilung oder Zuordnung der jeweiligen Anzahl der Lastwechsel zu den verschiedenen Amplituden sein. Ein Teilkollektiv kennzeichnet den Belastungszustand für einen ausgewählten Abschnitt der projektierten Lebensdauer unter konkreten Bedingungen, z.B. für eine Straßenart. Das Gesamtkollektiv repräsentiert den Belastungszustand einer Maschine an einem bestimmten Punkt für die gesamte projektierte Lebensdauer. Mit dem genannten Rechenprogramm werden eventuelle Korrekturen der Meßergebnisse vorgenommen, Mittelwerte bestimmt, neue symmetrische Klassengrenzen zum Gesamtmittelwert festgelegt, die dazugehörigen Häufigkeiten ermittelt und die Maxima sowie Minima mit dem gleichen Ab-

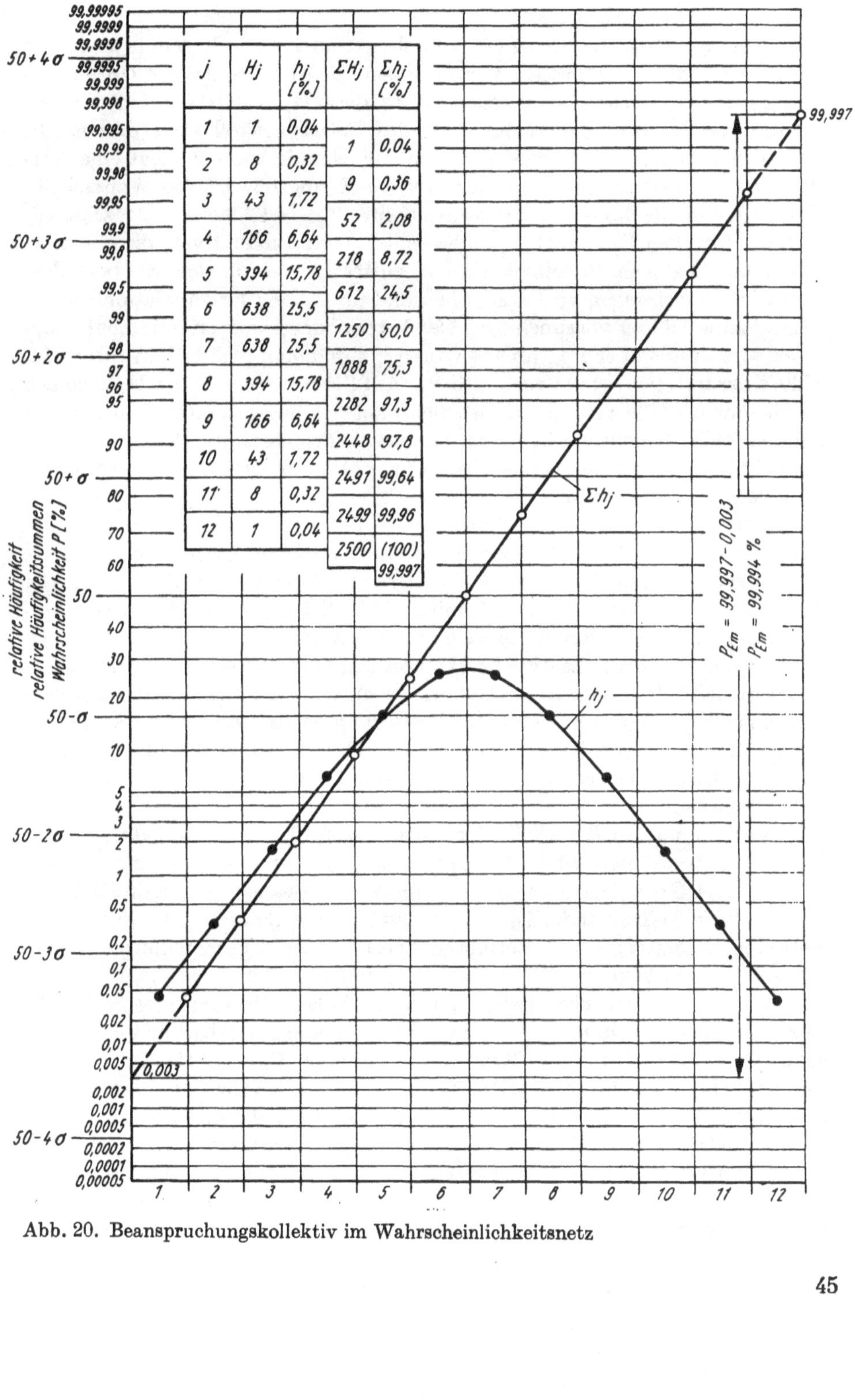

j	H_j	h_j [%]	ΣH_j	Σh_j [%]
1	1	0,04	1	0,04
2	8	0,32	9	0,36
3	43	1,72	52	2,08
4	166	6,64	218	8,72
5	394	15,78	612	24,5
6	638	25,5	1250	50,0
7	638	25,5	1888	75,3
8	394	15,78	2282	91,3
9	166	6,64	2448	97,8
10	43	1,72	2491	99,64
11	8	0,32	2499	99,96
12	1	0,04	2500	(100) 99,997

Abb. 20. Beanspruchungskollektiv im Wahrscheinlichkeitsnetz

stand vom Mittelwert zu den Lastwechseln vereinigt. Das Ergebnis ist in der Tabelle von Abb. 20 enthalten. Weiterhin sind in Abb. 20, das die Ordinatenteilung eines Wahrscheinlichkeitsnetzes hat, die relative Klassenhäufigkeit h_j, und die relative Summenhäufigkeit h_j des Belastungskollektivs dargestellt. Da es sich bei der Summenhäufigkeit um eine Gerade handelt, liegt eine Normal- oder GAUSS-Verteilung vor. Als weitere Kenngröße ist die Wahrscheinlichkeit der meßtechnischen Erfassungsbreite $P_{Em} = 99{,}994\%$ eingezeichnet. Nach statistischen Untersuchungen ist es bei Gesamtkollektiven, die aus mehreren Teilkollektiven berechnet werden, zulässig, wenn in den Endbereichen eindeutige Verteilungen vorliegen, oben und unten eine Extrapolation um die Standardabweichung vorzunehmen. Der Verlauf der relativen Summenhäufigkeiten wird damit über P_{Em} hinaus verlängert und man erhält die Wahrscheinlichkeit der fiktiven Erfassungsbreite P_E. Auf diese Weise soll der Unterschied zwischen dem Größtwert des Belastungskollektivs der gesamten Lebensdauer und dem meist bedeutend kleineren Größtwert des Gesamtkollektivs aus den meßtechnischen Untersuchungen, die nur statistisch gesicherte Stichproben darstellen, verringert werden.

Die Parameter zur Kennzeichnung eines Belastungskollektivs und die zu berücksichtigenden Einflußgrößen sind in [15] zusammengestellt. Eine andere Möglichkeit zur Darstellung des Belastungskollektivs nach den Angaben in der Tabelle von Abb. 20 ist in Abb. 21, mittleres Kollektiv, verwirklicht. Das Auftragen der jeweiligen dynamischen Spannungsamplitude σ_a über der Häufigkeit oder der Anzahl der Lastwechsel kommt den Betrachtungen in der Schwingfestigkeit nahe. Die Abb. 21 enthält nun noch weitere Angaben, die den neueren Erkenntnissen entsprechen. Zur Festlegung der Belastungskollektive sind ständig zwei getrennte Richtungen parallel oder nacheinander zu bearbeiten, auf die in der Zusammenstellung unter Abschnitt 2.1. Punkt 5. und 6. bereits hingewiesen wurde.

1. Bestimmung der Form oder der Verteilungsfunktion der Kollektive durch bereits erläuterte meßtechnische Untersuchungen und Auswertung der Ergebnisse. Als Grundlage dienen die kompletten Beanspruchungsabläufe für die jeweiligen Teilzustände. Die Ergebnisse entsprechen den Abb. 20 und 21 (mittleres Kollektiv). Diese Verfahrensweise bei den Untersuchungen ist bereits seit langem bekannt.

2. Ermittlung von besonders charakteristischen Extremwerten, die die maximale Beanspruchung von einem konkreten längeren Abschnitt oder eines Arbeitsspiels, z.B. bei einem Kran, repräsentieren. Es sind die Extremwerte von möglichst allen Einsatzvarianten, die während der Gesamtlebensdauer in Frage kommen können, zu ermitteln. Dabei sind für die gleichen Zeitanteile ein, zwei oder wenn erforderlich mehrere solche Extremwerte zu registrieren. Die Wahrscheinlichkeit des Auftretens dieser Extremwerte muß der Wahrscheinlichkeit der fiktiven Erfassungsbreite des Kollektivs P_E, die sich durch die bereits erläuterte Extrapolation ergibt, entsprechen. Für die Gesamtheit

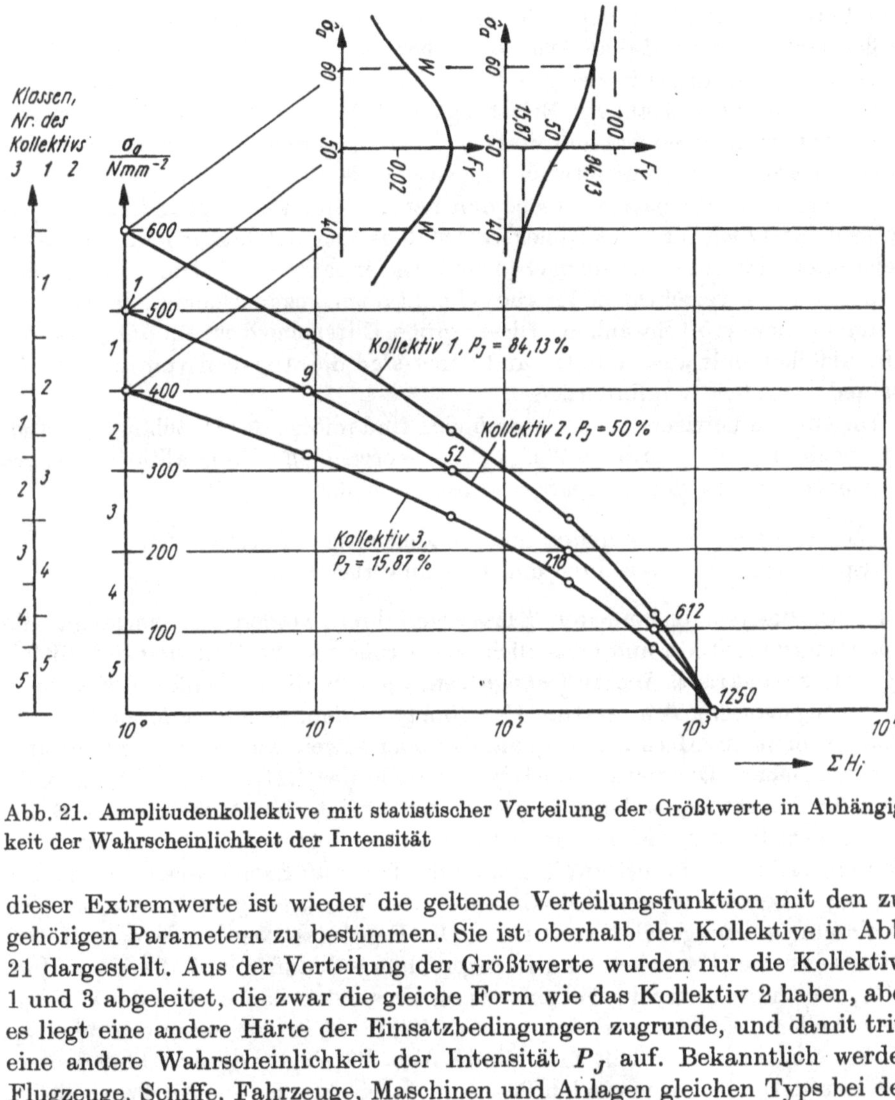

Abb. 21. Amplitudenkollektive mit statistischer Verteilung der Größtwerte in Abhängigkeit der Wahrscheinlichkeit der Intensität

dieser Extremwerte ist wieder die geltende Verteilungsfunktion mit den zugehörigen Parametern zu bestimmen. Sie ist oberhalb der Kollektive in Abb. 21 dargestellt. Aus der Verteilung der Größtwerte wurden nur die Kollektive 1 und 3 abgeleitet, die zwar die gleiche Form wie das Kollektiv 2 haben, aber es liegt eine andere Härte der Einsatzbedingungen zugrunde, und damit tritt eine andere Wahrscheinlichkeit der Intensität P_J auf. Bekanntlich werden Flugzeuge, Schiffe, Fahrzeuge, Maschinen und Anlagen gleichen Typs bei den verschiedenen Anwendern mit unterschiedlicher Härte und Beladung eingesetzt. Die Wahrscheinlichkeit der Intensität P_J beschreibt die jeweilige Härte der Einsatzbedingungen unter Bezugnahme auf die Anzahl der Objekte dieses Typs oder der Serie, die keine höheren Beanspruchungen ertragen müssen. Bei etwa 84% der Objekte und unter Berücksichtigung aller auftretenden Einsatzbedingungen kommen keine höheren Beanspruchungen vor, als sie durch das Kollektiv 1 ausgewiesen werden, und damit ist $P_J = 84\%$. Analog gelten die anderen Kollektive für entsprechende Verhältnisse. Die Wahrscheinlichkeit der Verteilungsfunktion der Größtwerte, die ganz bestimmte Bedingungen erfüllen müssen, wird also als Wahrscheinlichkeit der Intensität P_J bezeichnet.

In mehreren Industriezweigen liegen bereits heute für die verschiedenen Erzeugnisse eine Vielzahl von Belastungs- und Beanspruchungskollektiven vor, aber die nach neueren Erkenntnissen benötigten Kenngrößen fehlen oft. Durch systematische Festigkeitsuntersuchungen mit vier RANDOM-Funktionen wurde von PFEIFFER [16] nachgewiesen, daß neben den bisher behandelten Kenngrößen zusätzlich für jedes Kollektiv der Regellosigkeitsfaktor η und der Korrelationskoeffizient r mit anzugeben sind. Die experimentell ermittelte Lebensdauer kann für verschiedene RANDOM-Funktionen, gekennzeichnet durch η und r, im Bereich 1:5 schwanken. Dieser große Unterschied ist im Interesse der Materialökonomie auszunutzen, und daher sind die Angaben von η, r und P_J bei jedem Kollektiv erforderlich.

Die einparametrigen Auswertemethoden sind infolge der Unzulänglichkeiten nur noch für untergeordnete Aufgaben zu verwenden. Ein qualitativ besseres Ergebnis wird mit den zweiparametrigen Methoden, wie z. B.

— Zählung der Schwingbreiten mit den zugehörigen Mittelwerten,
— Spannextremwertverfahren und Extremwertverfahren

erreicht. Bei den behandelten Klassierverfahren werden also vorrangig die Spannungsamplitude und zusätzlich eine Größe zur Bestimmung der Mittelspannung registriert. Andere Kenngrößen, wie z. B. die Reihenfolge, Frequenz, Belastungspausen, Temperatur, Umgebungsmedien, gehen verloren bzw. sie sind getrennt zu erfassen und qualitativ oder soweit wie möglich quantitativ mit anzugeben. Die zweiparametrige Methode der Extremwertzählung ist in Abb. 22 dargestellt, wobei der gleiche Ausschnitt des stochastischen Beanspruchungsablaufes wie in Abb. 19 zugrunde gelegt wurde. Das Prinzip der Zählung sieht vor, immer zwei aufeinander folgende Extremwerte zusammengehörig zu betrachten. Jedes Maximum wird in Verbindung mit dem vorherigen Minimum und umgekehrt registriert. Die Ergebnisse werden in dem Korrelationsnetz, welches neben dem Beanspruchungsablauf in Abb. 22 angeordnet ist, gespeichert. Unter der Voraussetzung, den ersten Zählwert in der in Frage kommenden j_y-Klasse und den zweiten Zählwert in der entsprechenden j_x-Klasse einzuordnen, erhält man die in Abb. 22 eingetragenen Häufigkeiten. Die Auswertung eines normalen Beanspruchungsablaufes aus der Praxis liefert im allgemeinen 10^3 bis 10^8 Häufigkeiten im Korrelationsnetz. Hieraus lassen sich die Ergebnisse, die man mit allen anderen ein- und zweiparametrigen Zählverfahren erhalten würde, ableiten. Auch der Korrelationskoeffizient r und der Regellosigkeitsfaktor η sind leichter zu berechnen.

Das Korrelationsnetz dient dann weiterhin zur Extrapolation der Stichprobe und der Überlagerung von Teilkollektiven zum Gesamtkollektiv. Die moderne Versuchstechnik gestattet eine Prüfung der Bauteile auf dieser Grundlage, wobei bezüglich der Berechnung noch einige Probleme zu klären sind.

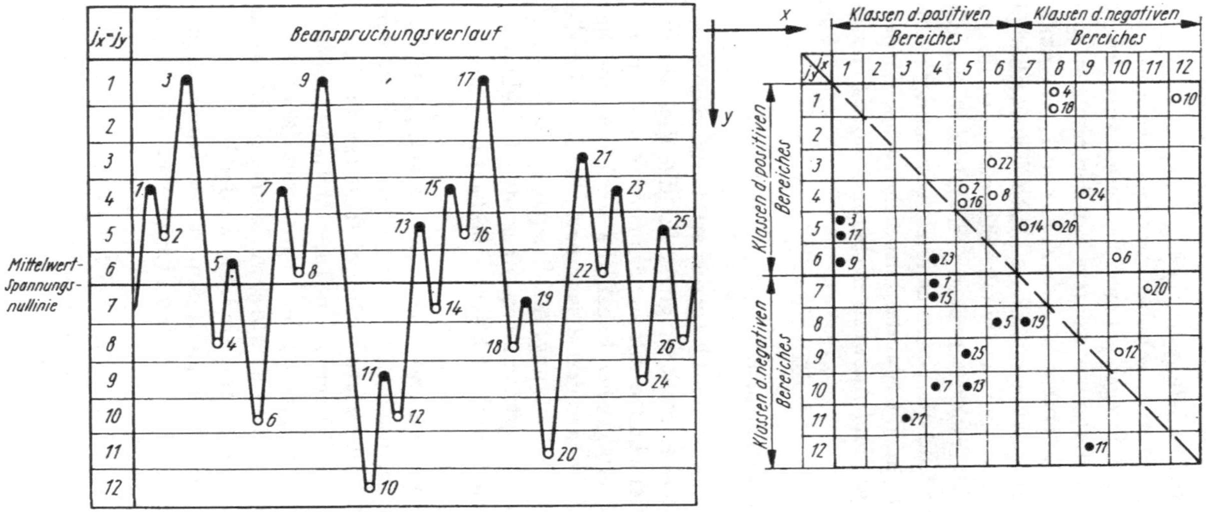

Abb. 22. Zweiparametrige Extremwertzählung

Auch die anderen zweiparametrigen Klassiermethoden liefern durchaus brauchbare Ergebnisse, wobei in Verbindung mit der KLA 9 das Spannenextremwertverfahren zur Anwendung kommt. Es werden hierbei die Schwingbreite und das Minimum der abfallenden Äste registriert.

Um die Aussagefähigkeit der Ergebnisse zu erhöhen, werden sowohl bei der Aufnahme der stochastischen Beanspruchungen als auch bei deren Auswertung nach einer der in Frage kommenden Methoden mehrere Wiederholungen vorgenommen. Damit erhält man z.B. eine entsprechende Zahl von Erwartungswerten oder anderen Parametern. Diese sind mit den statistischen Methoden aufzuarbeiten, um für jede Kenngröße eine zusätzliche Standardabweichung oder Streuung angeben zu können. Überschreitet diese vorhandene Standardabweichung den zulässigen Wert, so sind die Untersuchungen zu wiederholen. Die Festlegung der zulässigen Werte für die Standardabweichung bei Wiederholungen der meßtechnischen Analyse und Auswertung bereitet noch Schwierigkeiten.

2.4. Hinweis auf weitere Entwicklungsrichtungen

Die Berechnung eines Bauteiles auf Betriebsfestigkeit setzt u.a. das Beanspruchungskollektiv voraus. Es ist aber nicht möglich, für die Vielzahl der rechnerisch zu untersuchenden Querschnitte auf experimentellem Wege die Beanspruchungskollektive zu ermitteln. Daher haben die Verfahren zur Berechnung der Beanspruchungskollektive aus den Belastungskollektiven für die verschiedenen Tragsysteme sehr große Bedeutung. Am Beispiel eines Versuchsfahrzeuges wurden experimentelle Untersuchungen über die Beziehungen zwischen Belastungs- und Beanspruchungskollektiven durchgeführt, die zur Überprüfung der rechnerischen Verfahren dienen.

In verstärktem Maße werden Methoden erarbeitet, die die komplette Berechnung der Belastungs- und Beanspruchungskollektive zum Ziel haben. Beispielsweise wird auf die Kollektivdissertation Grolik/Fischer [17] über die Beanspruchungssimulation im Kranbau verwiesen. Diese Methoden stützen sich auf die umfangreichen statistischen Angaben der eingehenden Belastungsparameter und die auftretenden dynamischen Kräfte sowie Momente, die durch genaue Analysen und Berechnungen zu ermitteln sind. Sie werden in Faktorenfeldern zusammengestellt und in die Berechnung mit dem in Frage kommenden Anteil einbezogen. Auf diese Weise ist es möglich, eine Vielzahl von Parametern zu berücksichtigen und diese zu variieren.

Die rein mathematische Behandlung der Probleme der Betriebsfestigkeit, die auf der Theorie der Zufallsfunktion beruht, wird bisher sehr wenig praktisch angewendet. Eine Übersicht dieser Theorie speziell im Hinblick auf die Betriebsfestigkeit gibt Kowalewski [18].

Hänel [19] berichtet über die Möglichkeit der rechnerischen Dimensionierung in Form geschlossener Lösungen bei schmal- und breitbandigen Prozessen unter der Voraussetzung, daß Wöhlerlinie und Beanspruchungskollektiv mathematisch formuliert sind. Der breiten Anwendung solcher Methoden steht vor allem die Tatsache entgegen, daß in den Einrichtungen kaum leistungsfähige Gerätesysteme zur Bestimmung der entsprechenden Kenngrößen, wie z.B. der Leistungsspektraldichte, vorhanden sind. Die größte Schwierigkeit bildet jedoch die Ermittlung des Frequenzganges des übertragenden Systems, bei deren Kenntnis aus dem Belastungs- das entsprechende Beanspruchungsspektrum gewonnen werden kann. Für jeden der zu dimensionierenden Punkte der Konstruktion müßte dazu die Übertragungsfunktion bestimmt werden. Zum jetzigen Zeitpunkt wird demgegenüber überwiegend die wesentlich einfachere Messung der Beanspruchung vorgezogen.

Literaturverzeichnis

[1] Göldner, H.: Erhöhung der Materialökonomie durch moderne Berechnungs- und Konstruktionsmethoden. Neue Hütte 18. Jhg. 1973, Heft 8, S. 449—455.

[2] Cosserat, E. u. F.: Sur la theorie de l'elasticité. Ann. Toulouse **10**, 1—116 (1896).

[3] Schaefer, H.: Das Cosserat-Kontinuum. ZAMM **47** (1967) S. 485—498.

[4] Backhaus, G.: Zur analytischen Bestimmung des Materialverhaltens im plastischen Bereich. ZAMM **51** (1971) S. 471—477.

[5] Rabotnov, J., N.: Das Kriechen von Konstruktionselementen. Isdat Nauka, Moskau 1966.

[6] Bergander, H.: Das Modellstruktursystem als eine Klasse nichtlinearer viskoelastischer Stoffgesetze. Wiss. Zeitschrift der TUD **17** (1968) H. 5, S. 1287—1298.

[7] Wesselinow, K.: Beanspruchung von dickwandigen Hohlkugeln, dünnen Kreisringscheiben und dickwandigen Hohlzylindern bei hoher Temperatur. Diss. TUD (1975).

[8] Neuber, H.: Kerbspannungslehre, 2. Auflage. Berlin/Göttingen/Heidelberg Springer 1958.

[9] Neuber, H.: Über die Berücksichtigung der Spannungskonzentration bei Festigkeitsberechnungen. Konstruktion **7** (1968) S. 245—251.

[10] Blumenauer, H., G. Pusch: Bruchmechanik. VEB Deutscher Verlag für Grundstoffindustrie, Leipzig 1973.

[11] Schmiedeck, P.: Last- und Spannungskollektive am Rahmen eines Kraftfahrzeuges. Diss. TUD (1976).

[12] Puls, E.: Der Einfluß des Fahrers auf die Belastung von Traktorenbauteilen unter besonderer Berücksichtigung der Höchstbelastung. Diss. TUD (1976).

[13] Grubisic, V.: Verfahren zur optimalen Bemessung von Fahrzeugrädern. Bericht-Nr. FB-86 (1970) des Laboratoriums für Betriebsfestigkeit Darmstadt.

[14] Buxbaum, O.: Verfahren zur Ermittlung von Bemessungslasten schwingbruchgefährdeter Bauteile aus Extremwerten von Häufigkeitsverteilungen. Bericht-Nr. FB-75 (1967) des Laboratoriums für Betriebsfestigkeit Darmstadt.

[15] Prochnow, H.: Rationelle Verfahren zur Ermittlung der Lebensdauer. 3. Tagung Festkörpermechanik „Festigkeitslehre und Materialverhalten", Mai 1976. Dresden, Fachbuchverlag Leipzig.

[16] Pfeiffer, F.: Beitrag zur Klärung des Einflusses regelloser Beanspruchungsfolgen auf die Bauteilermüdung. Diss. TUD (1975).

[17] Grolik, H., R. Fischer: Rechnerische Beanspruchungssimulation zur Ermittlung von Beanspruchungskollektiven für Betriebsfestigkeitsuntersuchungen im Kranbau. Diss. TH Magdeburg (1976).

[18] Kowalewski, J.: Beschreibung regelloser Vorgänge Fortschrittberichte VDI-Z., Reihe 5, Nr. 7.

[19] Hänel, B.: Dimensionierung nach der Spektraldichte Bericht Nr. 530-31/75 des IfL Dresden.

FSC
www.fsc.org
MIX
Papier | Fördert
gute Waldnutzung
FSC® C083411

Zeitfracht Medien GmbH
Ferdinand-Jühlke-Straße 7
99095 Erfurt, Deutschland
produktsicherheit@kolibri360.de